基于通信源信号特征的扰信盲分离技术

李 炯 张 江 著

北京航空航天大学出版社

内 容 简 介

本书以通信抗干扰为背景，围绕同频信号的扰信盲分离技术展开研究，主要结合通信信号的非平稳特性、广义自相关特性、时间结构特性以及时频特性研究了不同信道混合样式条件下的盲源分离问题，同时考虑了盲源分离算法在全双工通信系统中的应用。

本书是关于通信抗干扰的一部专著，可供从事通信信号处理、盲源分离、通信抗干扰、无线通信、卫星通信等领域的广大技术人员学习与参考，也可作为高等院校和科研院所信息与通信工程、模式识别等专业的参考书。

图书在版编目(CIP)数据

基于通信源信号特征的扰信盲分离技术 / 李炯，张江著. -- 北京 : 北京航空航天大学出版社，2024. 10.
ISBN 978-7-5124-4494-2
Ⅰ. TN975
中国国家版本馆 CIP 数据核字第 2024QP4872 号

基于通信源信号特征的扰信盲分离技术
李 炯 张 江 著
策划编辑 陈守平 责任编辑 龚 雪

北京航空航天大学出版社出版发行
北京市海淀区学院路 37 号(邮编 100191) http://www.buaapress.com.cn
发行部电话:(010)82317024 传真:(010)82328026
读者信箱: bhrhfs@126.com 邮购电话:(010)82316936
北京建宏印刷有限公司印装 各地书店经销

开本:710×1 000 1/16 印张:8.25 字数:162 千字
2024 年 10 月第 1 版 2024 年 10 月第 1 次印刷
ISBN 978-7-5124-4494-2 定价:59.00 元

若本书有倒页、脱页、缺页等印装质量问题，请与本社发行部联系调换。
联系电话:(010)82317024

前　言

同时同频信号分离是信号处理领域非常经典的课题，其研究的主要目的是将同时工作在同一频段的信号分离，以实现同频干扰抑制的效果。而在实际的应用中由于信号混合过程及源信号可能都是不可知的，所以盲信号分离是解决实际问题非常重要的一种方法。目前，盲信号分离技术的应用研究主要集中于生物医学信号处理、图像处理、语音信号处理以及机械故障诊断等领域。由于盲信号分离技术对源信号的频谱特性没有特殊要求，使得盲信号分离技术在处理同频信号干扰问题上具有很大的潜力。若将该技术应用于无线通信系统，将会为提高无线通信系统的频谱效率提供有力的技术支撑，为通信抗干扰技术的发展提供新的思路。

本书是作者在总结多年参与通信抗干扰关键技术课题研究成果的基础上撰写的，基于通信系统中源信号的非平稳特性、广义自相关特性、时间结构特性以及时频特性研究了不同信道混合样式条件下的盲源分离问题，同时考虑了盲源分离算法在全双工通信系统中的应用。全书共分 8 章：第 1 章为绪论，介绍本书的研究背景，并结合通信信号处理的特点介绍了盲源分离技术的研究现状；第 2 章为盲源分离基础理论，包括盲源分离的数学模型、基于 ICA 的盲信号分离方法、分离性能的评价标准；第 3 章为基于 AR-HMGP 模型的非平稳源盲分离，基于源信号大都具有非平稳特性的考虑，研究了瞬时混合条件下的非平稳信号的盲分离问题，提出了一种基于 EM 准则的盲源分离算法；第 4 章为基于源信号广义自相关特性的复值信号盲分离，对源信号的延时自相关特性进行了扩展，研究了瞬时混合条件下基于源信号广义自相关特性的复值信号的盲分离问题；第 5 章为具有时间结构特性的复值源信号盲分离，基于复值源信号的时间结构特性，研究了复值信号时间结构模型在盲源分离中的应用，提出了一种基于宽线性滤波器模型参数估计和矩阵联合对角化的盲源分离算法；第 6 章为基于解耦 IVA 的盲源分离，研究了多数据集瞬时混合模型的联合盲分离问题和单数据集时域卷积混合的频域分离问题；第7章为全双工通信系统中基于BSS的自干扰消除技术，讨论了全双工通信系统中可能影响自干扰消除的非理想条件因素，提出了两种基于盲信号分离的自干扰消除算法；第8章为总结与展望，探讨了盲信号分离技术在扩频卫星通信系统中应用需要重点关注的几个研究方向。

在酝酿及撰写本书的过程中，作者得到了许多师长、同学与同事的大力支持和帮助，尤其感谢陆军工程大学张杭教授对作者在从事相关课题研究时给予的指导和帮助。为避免挂一漏万，其他需感谢的师长、同学与同事不再一一致谢。同时，对文中引用的参考文献作者表示感谢，感谢国家自然科学基金(620011516)对本书出版的支持。

由于作者水平有限且时间仓促，本书难免存在一些不妥之处，恳请读者批评指正。

作　者

2023年7月3日于北京怀柔

符号表

$(\cdot)^*$	共轭运算符
$(\cdot)^T$	转置运算符
$(\cdot)^H$	共轭转置运算符
$\mathrm{rank}(\cdot)$	矩阵秩运算符
$E[\cdot]$	数学期望运算符
$\circ$	Kronecker 积运算符
$\mathrm{diag}(\cdot)$	对角矩阵
$\mathrm{off}(\cdot)$	令矩阵对角线元素为零
$\|\|\cdot\|\|$	矩阵的 Frobenius 范数
$\|\cdot\|$	取模值
$\mathrm{Re}(\cdot)$	取实部
$\mathrm{Im}(\cdot)$	取虚部
$\otimes$	卷积运算
$N(\cdot)$	高斯分布
$\Gamma(\cdot)$	Gamma 分布
$\frac{\partial f}{\partial x}$	函数 f 对变量 x 求偏导数
$\langle\cdot\rangle$	求内积运算
$\mathrm{var}(\cdot)$	求方差运算

缩略语表

AR	Auto Regressive	自回归
BSS	Blind Source Separation	盲源分离
ICA	Independent Component Analysis	独立成分分析
CCFD	Co-time Co-frequency Full Duplex	同时同频全双工
cFastICA	Complex FastICA	复快速固定点 ICA
EASI	Euqivariant Adaptive Separation via Independence	基于独立性的等变自适应分离
EM	Expectation-maximization	期望最大化
FastICA	Fast Fixed-point ICA	快速固定点 ICA
FIR	Finite Impulse Response	有限脉冲响应
FOBI	Fourth-order Blind Identification	四阶盲辨识
GGD	Generalized Gaussian Distribution	广义高斯分布
GMM	Gaussian Mixture Model	高斯混合模型
GP	Gaussian Process	高斯过程
GUT	Generalized Uncorrelating Transform	广义不相关变换
HD	Half Duplex	半双工
HMM	Hidden Markov Model	隐马尔可夫模型
ICA	Independent Component Analysis	独立成分分析

ISR	Interference to Signal Ratio	干信比
IVA	Independent Vector Analysis	独立向量分析
JADE	Joint Approximate Diagonalization of Eigenmatrices	特征矩阵近似联合对角化
LNA	Low Noise Amplifier	低噪放
LO	Local Oscillator	本地振荡器
LOS	Line of Sight	直射成分
MA	Moving Average Process	滑动平均过程
MCMC	Markov Chain Monte Carlo	马尔可夫链蒙特卡洛
MIMO	Multiple Input Multiple Output	多输入多输出
ML	Maximum Likelihood	最大似然
MMSE	Minimum Mean Squared Error	最小均方误差
NMSE	Normalized Mean Squared Error	归一化均方误差
ncFastICA	Non-circular cFastICA	非环 cFastICA 算法
PCA	Principal Component Analysis	主成分分析
PCMA	Paired Carrier Multiple Access	成对载波多址
PI	Performance Index	性能指数
PSK	Phase-shift Keying	相移键控
SI	Self Interference	自干扰
SIC	Self Interference Cancellation	自干扰消除
SINR	Signal-to-interference-noise Ratio	信干噪比
SIR	Signal to Interference Ratio	信干比
SNR	Signal to Noise Ratio	信噪比
SOBI	Second-order Blind Identification	二阶盲辨识
SUT	Strong-uncorrelating Transform	强去相关变换
UDN	Ultra-dense Network	超密集组网
WLF	Widely Linear Filter Model	宽线性滤波器模型

目　录

第1章 绪论

1.1 盲源分离研究背景

同频信号处理是无线通信系统中永恒不变却又历久弥新的话题。一方面，随着无线通信对社会生活影响的不断深入，人们对无线通信的依赖也在逐渐加强，同时对无线通信系统提出了新的更高的要求，如更加庞大的系统容量、更高速的数据传输速率以及更低的延时体验等，这使得无线频谱资源日趋紧张。为满足人们的这些需求，无线通信技术面临着新的挑战。目前，第五代移动无线通信系统（5G）的研发正在如火如荼地进行中，其设计目标就是“万物互联、极速传输”，具体的技术指标为：相较于第四代移动无线通信系统（4G）频谱效率提升 10 倍、系统容量提升 1 000 倍。为实现这些目标，有几项新技术在 5G 系统标准制定中呼声较高，如超密集组网（Ultra-dense Network，UDN）、同时同频全双工（Co-time Co-frequency Full Duplex，CCFD）、新的非正交传输技术等。这些新技术的引入会使得现阶段的频谱环境更加复杂，信号干扰更加严峻。具体来说，UDN 的引入使得小区划分更加密集，小区内和小区间的干扰更加严重；CCFD 技术使本地收发信机同时工作在同一频段，本地发送信号不可避免地会对本地接收机的目标期望信号产生较强的同频干扰；由于非正交传输信号间的非正交性，同样会引入同频信号干扰。此外，为提高频谱利用效率，引入动态频谱接入技术，非授权用户接入授权用户频段也有可能对授权用户产生同频干扰。针对这些同频信号的处理，目前采用较多的方式是通过功率控制或频谱管理的方式减轻信号间的干扰，接收端缺乏主动消除同频信号干扰的技术手段和能力。

另一方面，军事通信技术在现代化战争中发挥着举足轻重的作用，无论是己方通信还是对敌侦察获取情报都离不开无线通信的支持，干扰与抗干扰也成为了军事通信技术中永恒不变的话题。加强抗干扰技术的研究，将会为促进军事通信技术的发展以及打赢现代化条件下的军事斗争提供坚强的技术支撑。目前的抗干扰技术可以分为两类：一类是通过增加频谱资源或增大发射信号功率等系统开销实现抗干扰。扩谱通信技术是目前应用最广也最行之有效的抗干扰技术手段之一，但是由于该技术本身的特点，在某些特殊的干扰样式下其抗干扰性能很不理想，比如跟踪式干扰之于跳频通信、与扩谱信号中心频率相近的大功率单音或多音干扰之于直扩通信。此外，采用扩谱通信会大大降低频带效率，在频谱资源日益紧张的今天，不利于长远发展。而通过增大信号发射功率的方式增加接收信号信干比，进而实现抗干扰的方式成本较高，尤其是对于卫星通信这类典型的功率受限系统。另一类是通过采用干扰抑制技术增强接收信号质量，这类技术往往会带来系统规模的增加和有用信号的损伤，并且干扰抑制能力有限，通常某项干扰抑制技术只对特殊的干扰样式有效。

综上所述，无论是在民用移动无线通信中，为提高系统容量、频带效率或传输速率而产生的同频信号混叠，还是在军事通信对抗中产生的干扰，研究新的、更有效的干扰消除技术都是非常有理论意义和应用价值的。

盲源分离（Blind Source Separation，BSS）作为一种强大的信号处理工具，能在源信号未知且传输参数未知的双盲情况下，依据源信号独立的假设实现源信号的分离。由于 BSS 技术对源信号的频谱没有特殊要求，若能将 BSS 技术应用于通信系统中实现混合源信号的分离，将能大大增强通信系统的抗干扰性能并且能够有效提升频谱效率。据此，研究 BSS 算法及其在通信系统中的应用具有重要的理论意义及广阔的应用前景。

1.2 盲源分离研究现状

盲源分离起源于“鸡尾酒会”问题[1]，即对话双方希望在嘈杂的环境中辨听对方的语音。盲源分离技术就是用机器实现这一愿望的技术，可以描述为在信源和传输信道均未知的双盲条件下，通过建模分析求解实现源信号的分离，英文表达为 Blind Source Seperation，缩写为 BSS。由于 BSS 具有“双盲”特性，使其在许多领域都得到了较为广泛的关注，例如语音信号处理、医学信号处理、雷达信号处理以及通信信号处理等领域。

20 世纪 80 年代开始，BSS 技术进入快速发展期。Herault 教授和 Jutten 教授于 1986 年 4 月在计算神经网络国际会议上发表了一篇基于神经网络模型的空间或时间的自适应信号处理算法[2]的文章，该算法在源信号和传输信道都未知的条件下实现了两路独立源信号的估计。这项工作打开了 BSS 技术研究的大门，在随后的几十年里，BSS 一直是信号处理领域的热点话题。

IBM 工程师 Linsker 于 1988 年和 1989 年发表了几篇对盲信号处理具有重要意义的文章[3,4]，他们提出的最小互信息准则能够有效地结合自组织映射模型并应用于解决盲信号处理问题。1991 年，Jutten 教授和 Herault 教授在 *Signal Processing* 杂志发表了两篇标志性的文章[1,5]，意味着 BSS 技术取得了重大进展，他们首次将人工神经网络算法应用于 BSS，开启了一个新的研究方向。同年，Lang Tong 等人在他们的文章中证明了盲辨识的不确定性和可辨识性，并给出了盲辨识的数学框架[6]，同时提出了利用信号的延时自相关矩阵特性将盲辨识问题转化为特征值分解问题求解。J. F. Cardoso 等人于 1993 年提出了著名的特征矩阵联合近似对角化算法(Joint Approximate Diagonalization of Eigenmatrics,JADE)[7],该算法利用高斯噪声的高阶累积量为零的特性有效地提高了分离算法抗高斯噪声的鲁棒性。P. Comon 教授于 1994 年提出了独立成分分析(Independent Component Analysis,ICA)[8]的概念,明确了采用 ICA 方法实现 BSS 的三大假设条件:源信号相互独立;源信号中至多有一个高斯信号源;信道传输矩阵是列满秩的。随后,ICA 成为了解决 BSS 问题的主流方法。基于 ICA 方法,Cardoso、Amari 等人相继提出了相对梯度算法[9]和比相对梯度算法学习效率更高的自然梯度算法[10-13]。A. Hyvarinen 等人基于固定点算法提出了收敛速度更快的快速固定点 ICA 算法(Fast Fixed-point ICA,FastICA)。这些算法都成为了 BSS 理论中的经典算法。

1995 年,A. J. Bell 等人将 ICA 与信息论相结合发表了基于 ICA 方法的 BSS 算法中里程碑式的文章[14],该文献在信息论框架下构造了基于信息最大化准则的代价函数,从新的角度利用了源信号相互独立的假设条件。正如 P. Comon 教授在其研究成果中所说的那样[8],应该基于一定的准则构建代价函数,并通过求解该代价函数的最大(最小)值剥离混合信号中各源信号的关联,实现线性混合信号的盲分离。由于 ICA 方法的这种灵活性,吸引了众多学者关注。此后,其他领域的估计分析理论与 ICA 相结合的算法相继被提出。

在经过 BSS 理论研究热潮之后,到 21 世纪初,关于 BSS 算法的研究开始向不同应用领域延伸。结合不同的应用背景又有大量的文献发表,关于 BSS 研究的热情经久不息,至今仍为信号处理领域的热点。

本书主要针对无线通信系统中的 BSS 技术展开研究。无线通信系统中信号处理的类型主要分为两种:一种是中频信号处理,此时的信号表现为实值信号;另一种是基带信号处理,此时信号的表现形式为复值信号。针对无线通信信号处理这一具体的应用环境,可将现阶段的盲源分离技术研究向以下四个方面聚焦:

① 实值信号的盲源分离;

② 复值信号的盲源分离;

③ 不同混合形式的盲源分离;

④ 盲源分离在通信系统中的应用。

1.2.1 实值源信号的盲分离研究现状

在 BSS 技术发展的初期,所提出的各种 BSS 算法大都是针对实值信号展开研究的,但随着研究的不断深入,人们发现仅依赖于源信号相互独立的条件已无法再获得算法分离性能的提升。于是,针对不同的应用场景,更多的信号先验信息被采用(如有限字符集特性、时间结构特性、非平稳特性等),进而实现盲分离算法收敛速度或分离精度的提升。

一方面,根据源信号相互独立的假设结合信号的具体特性进一步发展基于ICA的BSS理论。Neil D. Lawrence和Christopher M. Bishop利用高斯混合模型(Gaussian Mixture Model,GMM)对实平稳信号建模并提出了基于变分贝叶斯推理的盲分离算法[15]。在该文献基础上,Jen-Tzung Chien和Hsin-Lung Hsieh研究了在变分贝叶斯推理框架下的非平稳信号盲分离算法[16]。在参考文献[16]中,信号的非平稳特性用高斯过程(Gaussian Process,GP)描述。GP是一种概率描述模型,它可以很灵活地描述具有时间结构或者统计非平稳的过程。因此,有很多学者采用GP模型对源信号建模来研究盲源分离。Takuma Otsuka等人基于贝叶斯推理研究了卷积信道条件下源信号个数未知时的语音信号分离[17]。T. Routtenberg和J. Tabrikian采用期望最大化(Expectation Maximum,EM)算法,利用GMM模型对有限字符集源信号建模,实现了MIMO-AR(Multiple-input Multiple-output Autoregressive)系统的辨识[18],并成功分离出源信号。Kenneth E. Hild II等人在ICA框架下对具有时间结构的实值源信号分离问题进行了研究,他们利用信号的时间-空间结构提出了一种基于EM算法的盲分离算法[19],并获得了较好的分离效果。

另一方面,随着BSS在信号处理领域显现出的巨大优势,更多的新技术被引入BSS研究中,例如基于信号稀疏特性的字典学习、基于信号非负特性的非负矩阵分解、基于信号有界特性的界成分分析以及张量分解、机器学习等。然而中频通信信号或不满足这些算法的条件(如稀疏性)或对噪声非常敏感(如基于界成分分析的盲分离算法),因此有必要进一步研究符合中频通信信号特性的盲分离算法。考虑到中频通信信号表现形式为实值信号且大多具有时间结构和非平稳特性,本书第3章介绍了具有时间结构的实值非平稳信号的盲分离算法。

1.2.2 复值源信号的盲分离研究现状

信号的另一种表现形式为复值信号,根据复值信号的概率分布特性可将其分为环的或是非环的。关于环与非环的解释如下:一个复值变量z可以用两个实值变量z^{R}和z^{I}表示$z=z^{\mathrm{R}}+\mathrm{i}z^{\mathrm{I}}$。如果复变量$z$的统计量存在,那么它可以用$z^{\mathrm{R}}$和$z^{\mathrm{I}}$的联合概率密度函数表示。复随机向量变量$\boldsymbol{Z}$的期望为$E\{\boldsymbol{Z}\}=E\{\boldsymbol{Z}^{\mathrm{R}}\}+\mathrm{i}E\{\boldsymbol{Z}^{\mathrm{I}}\}$,式(1.1)和式(1.2)分别表示复随机向量变量$\boldsymbol{Z}$的协方差和伪协方差矩阵。

$$\boldsymbol{C}_Z=E\{(\boldsymbol{Z}-E\{\boldsymbol{Z}\})(\boldsymbol{Z}-E\{\boldsymbol{Z}\})^{\mathrm{H}}\} \tag{1.1}$$

$$\widetilde{\boldsymbol{C}}_Z=E\{(\boldsymbol{Z}-E\{\boldsymbol{Z}\})(\boldsymbol{Z}-E\{\boldsymbol{Z}\})^{\mathrm{T}}\} \tag{1.2}$$

其中,$(\bullet)^{\mathrm{H}}$定义为元素的Hermitian转置,$(\bullet)^{\mathrm{T}}$定义为元素的转置。如果变量z旋转任意角度而其概率密度函数保持不变,则称变量z是环的。换句话说,如果复变量z和$\mathrm{e}^{\mathrm{i}\theta}z$对任意的$\theta$具有相同的概率密度函数,则复变量$z$是环的,否则是非环的。此外，如果复变量 z 的二阶伪协方差为零，则称复变量 z 是二阶环的。

E. Bingham 教授和 A. Hyvrinen 教授是较早研究复值信号盲分离的学者，他们首次将处理实值信号盲分离的 FastICA 算法扩展到了复数域用于实现复值信号盲分离[20]。该算法在业界引起了较高的关注，同时成为了处理复值信号盲分离最流行的算法。但由于该算法受限于源信号是环的这一限定条件，有学者开始探索如何实现非环源信号的盲分离问题。J. Eriksson 和 V. Koivunen 利用非环信号的二阶统计特性提出了一种强去相关变换算法(Strong-uncorrelating Transform，SUT)[21]，该项研究工作将非环复值源信号盲分离的研究向前推进了一步，但该算法有另外一个限制条件——各源信号的伪协方差系数互不相同。参考文献[22]～[24]利用信号的高阶累计量，以信号峭度为代价函数进行优化求解，实现了在无复值源信号伪协方差系数取值限制条件下的盲分离。这些算法的不足是对异常数据比较敏感导致算法稳定性较差。M. Novey 和 T. Adali 对参考文献[20]中所提出的 c-FastICA 算法做了进一步改进，提出了能够处理非环源信号混合问题的 nc-FastICA 算法[25]，该算法有效克服了上述基于信号高阶累积量的算法不稳定的缺点。

关于复值信号盲分离的文献还有很多，但它们解决问题的思路大都是在 ICA 框架内基于源信号相互独立的假设展开的，有关源信号更多的先验信息并没有得到有效利用(如信号的时间结构特性和有限字符集特性)，它们所得到的分离性能也没有得到明显的提升。因此，有必要对复值信号的盲分离问题做进一步的研究。本书第 4 章和第 5 章研究了具有时间结构特性的复值信号盲分离算法。

1.2.3 不同混合形式的盲源分离研究现状

根据混合信道的传输响应特性，可将混合方式分为线性瞬时混合和卷积混合。在线性瞬时混合模型中，各源信号从单一路径同时到达各接收传感器，仅考虑源信号在传播过程中的衰减[26]。而在卷积混合模型中，接收到的信号中不但包含各源信号的直射成分，还包含源信号在传播过程中所产生的多径延时成分。这两种混合模型可分别用多元线性函数和有限长多元滤波器组表示，针对不同的混合模型要选择不同的分离算法。一般来说，卷积混合盲分离问题要比线性瞬时混合盲分离问题复杂，求解过程也更烦琐。

在前面介绍的有关盲分离的算法中，大部分都是线性瞬时混合盲分离算法，下面着重介绍卷积混合盲分离算法。首先介绍一种特殊形式的卷积混合模型——延时无回响混合模型。延时无回响混合模型是指在卷积混合模型中每一对收发链路只有一条路径传输信号，但不同收发链路间的延时不同。由于延时无回响混合模型与线性瞬时混合模型比较相似，有学者巧妙地利用信号的性质将其转换成瞬时混合模型进行求解,得到了比较好的分离效果。对于一般形式下的卷积混合盲分离问题,现有的算法主要分为两大类:一类是时域算法,这也是在卷积盲分离问题研究初期采用较多的方式,其主要思想来源于已有的盲解卷积算法。卷积混合的时域盲分离算法最大的缺点是复杂度高,为解决这一问题,人们研究出了效率更高的频域分离算法。利用时域卷积对应于频域相乘的关系,对时域卷积混合信号做傅里叶变换就将卷积混合问题转化成了频域的线性瞬时混合盲分离问题,此时采用瞬时混合盲分离算法即可将源信号在频域分离。采用这种方式虽然能够比较简单地将信号在频域分离,但由于信号的不同频率成分是单独处理实现分离的,而BSS算法存在分离信号幅度和顺序的不确定性,因此在不同频率上各源信号是无序排放的。要想纠正这些信号的排放顺序,工作量以及工作难度可想而知。N. Mitianoudis 和 M. Davies 提出采用时频分析模型使得各频率成分在算法执行过程中产生联系来保证分离顺序的一致性,但这种一致性并不能完全得到保证。Atsuo Hiroe 在 ICA 方法的基础上提出了独立向量分析(Independent Vector Analysis,IVA)方法[28],IVA 方法利用不同频点数据之间的相关性保证了各频率点信号分离顺序的一致性。目前,IVA 方法已作为一种非常有效的卷积盲分离算法被广泛关注。

根据源信号数目与接收传感器数目的关系,也可将混合模型分为欠定混合(源信号个数多于接收传感器个数)、适定混合(源信号个数等于接收传感器个数)和超定混合(源信号个数少于接收传感器个数)模型。BSS 理论研究初期主要是针对适定混合模型展开的研究,对于超定混合时的盲分离问题可采用主成分分析(Principal Component Analysis,PCA)方法实现降维,然后采用适定分离算法解决。而对于欠定混合,由于观测信号个数比源信号个数少,这种信道状态不完备的属性大大增加了信号分离的难度。要实现这种情况下的盲分离,只能通过增加对源信号先验信息的要求来弥补信道状态的不完备属性。目前解决此类问题最常用的方法是对源信号的稀疏性加以限制要求,采用稀疏成分分析(Sparse Component Analysis, SCA)的方法进行分析求解。

随着大规模 MIMO 技术的发展,欠定混合的情形能够得到有效地避免,同时超定混合又能够非常简单地转化为适定混合问题,因此本书主要针对适定混合条件下的盲分离问题展开研究。

1.2.4 盲源分离在通信系统中的应用研究现状

BSS 在通信领域中的应用研究起步较晚,直到最近几年才开始活跃起来,主要的研究成果国外方面有:J. Gao 等人针对 MIMO-OFDM 无线通信系统中的信号接收问题展开研究,提出了基于 ICA 的 OFDM 信号分离算法[29]。L. He 等人在参考文献[42]中提出了两种复值信号盲分离算法，该算法不但能够实现复值信号的分离，同时还能够消除传统 BSS 算法分离复值信号存在相位模糊的缺点。I. Kostanic等人将盲分离技术应用于同信道干扰抑制[30]，并仿真验证了 BPSK 信号工作于非色散信道时的接收性能。也有很多学者将 BSS 技术应用于 DS-CDMA 系统，实现上行或下行链路的干扰消除、多用户检测。A. Gualandi 等人研究了 BSS 在 GPS 系统中的应用[31]。国内方面有：骆忠强等人将接收通信信号的误码率作为评价指标，提出了一种基于误码率最小的盲分离算法[40]。赵彬等人将 BSS 技术应用于同频通信信号混合的盲分离[32]，实现了快速有效的实时分离效果。Wu Chuanlong 等人基于 GMSK 信号的恒包络特性，利用 BSS 技术实现了单通道 GMSK 混合信号的盲分离[41]。任啸天、黄知涛等人对 BSS 在扩谱通信中的应用做了系统的研究，发表了一系列的研究成果[33-37]。冯辉等人采用 ICA 方法实现了单载频单传感器条件下至多两路信号混合的盲分离[38]。杜健在其博士学位论文中研究了卫星通信中单通道成对载波多址(Paired Carrier Multiple Access，PCMA)信号的盲分离技术[39]。杨小牛等人在其发表的文献中分析了 BSS 技术在通信侦察中的应用前景[43]。沈越泓等人将 BSS 与无线信道统计复用技术相结合，在提高频带效率方面取得了很多成果。本书第 7 章结合当前无线通信技术中的研究热点，研究了 BSS 技术在 CCFD 全双工通信系统中的应用。

1.3 本书的主要内容安排

第 1 章为绪论，主要介绍了盲源分离技术的研究背景和研究现状。首先从民用和军用两个通信应用领域分析了当前主要通信系统所面临的严峻形势，阐述了本书的研究背景。然后介绍了本书的相关研究现状并总结提炼出研究面临的技术挑战。最后介绍了本书的研究工作，阐明了本书研究的总体目标和具体目标，给出了本书的研究思路及主要研究工作和技术创新。

第 2 章介绍盲源分离理论基础，依次从以下 3 个方面展开：盲源分离的数学模型；一类研究较为广泛的盲信号分离方法——基于 ICA 的盲信号分离；盲源分离结果的评价标准。

第 3 章基于源信号大都具有非平稳特性的考虑，研究了瞬时混合条件下的非平稳信号的盲分离问题，提出了一种基于 EM 准则的盲源分离算法，该算法利用 AR-HMGP 模型来描述非平稳信号的时间结构及统计特性。AR-HMGP 模型中的自回归结构描述信号样本点之间的时间约束关系，其中自回归系数是不变的；信号的非平稳特性用自回归模型的新息过程的非平稳特性描述，具体地来说，新息过程的概率分布用具有时间结构的高斯混合模型描述，这一时间结构是非平稳的，用隐 Markov 模型建模，由此完成了新息过程的非平稳性建模。然后，利用源信号的概率生成模型采用最大似然准则构建了目标函数，并利用 EM 算法完成源信号和混合矩阵的估计。仿真结果显示，由于充分利用了非平稳信号的时间结构特性和非平稳统计特性，该算法具有良好的分离性能。最后本章通过搭建一个两发两收的瞬时混合系统验证了该算法的有效性。

第 4 章对源信号的延时自相关特性进行扩展，研究了瞬时混合条件下基于源信号广义自相关特性的复值信号的盲分离问题。首先，利用信号的延时自相关特性，建立了一个基于信号广义自相关的代价函数并证明了该代价函数极值存在的条件，推导了基于自然梯度学习的分离矩阵更新算法。然后，利用具体的时间结构模型对源信号进行建模并充分考虑信号模型中各信号成分对信号分离效果的影响，对前一种算法做了改进，提出了一种基于一阶复自回归模型的广义自相关盲分离算法。该算法不仅考虑了信号的延时广义自相关特性，同时考虑了信号一阶复自回归模型中新息过程的统计特性。仿真结果显示，该算法相较于第一种算法分离性能有所改进，并且改进算法中信号广义自相关特性与一阶复自回归模型中新息过程的高阶统计特性对该算法分离效果的影响具有折中性。此外，由于所提的两种算法不仅利用了源信号的独立性假设，还有效利用了信号的时间结构特性，因此所提算法在样本长度较少时仍具有良好的分离性能。

第 5 章基于复值源信号的时间结构特性，研究了复值信号时间结构模型在盲源分离中的应用，提出了一种基于宽线性滤波器模型参数估计和矩阵联合对角化的盲源分离算法，算法中复值信号的时间结构特征采用宽线性滤波器模型描述。该算法首先估计出观测信号宽线性滤波器模型参数，而后利用矩阵联合对角化算法将估计出的模型参数矩阵对角化，从而估计出分离矩阵，进而估计出源信号。在盲源分离算法推导过程中提出了一种具有特殊结构的矩阵联合对角化算法。仿真结果同时表明，由于在该盲源分离算法中仅考虑了信号的时间结构，所以即便是源信号中有多个高斯信号源该算法也能将其分离，只要源信号是具有时间结构的；此外，该算法对杂系信号的分离也具有较好的分离性能。

第 6 章研究了多数据集瞬时混合模型的联合盲分离问题和单数据集时域卷积混合的频域分离问题。首先采用 Householder 变换理论，提出了一种基于解耦 IVA 的多数据集联合盲源分离的算法，该算法将矩阵优化问题分解为一系列的向量优化问题，简化了算法求解过程。然后，将该算法推广到复数域，结合信号的时频特性，实现了卷积混合条件下的盲分离。最后通过仿真结果表明，由于该算法不需要对数据执行预白化处理，因此避免了白化过程误差对分离效果的影响，使得该算法具有比较良好的分离性能。

第 7 章讨论了全双工通信系统中可能影响自干扰消除的非理想条件因素。基于射频辅助接收回路的框架，针对两种不同的应用场景（卫星通信和地面无线通信），提出了两种基于 BSS 的自干扰消除算法。第一种算法针对卫星通信中工作在 C 波段以上的设备天线波束小的特点，构建瞬时混合的自干扰模型，采用第 3 章中所提出的盲分离算法较好地将目标期望信号与自干扰信号分离，进而实现干扰消除。第二种算法针对工作在 UHF 频段以下的地面卫星通信设备和地面无线移动通信因波束宽而存在较为明显的多径效应的特征，构建卷积混合的自干扰模型。经过理论推导，将该卷积混合模型转换为了瞬时混合模型，基于 ICA 理论构建了代价函数，并采用梯度学习算法实现自干扰信道参数估计，同时分离出目标期望信号。

第 8 章对本书的研究内容进行了梳理总结，分析了本书研究内容可能的应用场景，给出了未来的研究方向，并讨论了需要解决的关键问题。

第 2 章

盲源分离理论基础

2.1 盲源分离的数学模型

盲源分离的基本模型如图 2-1 所示。观测信号的一般表达式为

$$y_i(t)=\sum_{j=1}^{N}\sum_{\tau=0}^{\tau=L_{ij}(t)-1}h_{ij}(\tau,t)s_j(t-\tau)+e_i(t),\quad i=1,2,\cdots,M \tag{2.1}$$

其中，$s_j(t)(j=1,2,\cdots,N)$表示第 j 个源信号，$\mathbf{s}(t)=[s_1(t),s_2(t),\cdots,s_N(t)]^{\mathrm{T}}$（上标 T 定义为转置运算）表示源信号矢量；$y_i(t)(i=1,2,\cdots,M)$表示第 i 路观测信号，$\mathbf{y}(t)=[y_1(t),y_2(t),\cdots,y_M(t)]^{\mathrm{T}}$ 表示观测信号矢量；$e_i(t)$表示第 i 个观测噪声，每路观测噪声都是相互独立的；$h_{ij}(\tau,t)$表示时变混合系统的第 j 个源信号到第 i 个观测信号的冲激响应函数；$L_{ij}(t)$表示第 j 个源信号到第 i 个观测信号冲激响应函数的响应长度，取 $L_{\max}=\max(L_{ij})$表示最大冲激响应长度，当 $L_{\max}=1$ 时，则意味着混合系统为瞬时的，当 $L_{\max}>1$ 时，混合过程则是个卷积混合过程。令 $H(\tau,t)=\{h_{ij}(\tau,t)\}(\tau=0,1,\cdots,L_{\max}-1,\tau\geqslant L_{ij}(t)$时 $h_{ij}(\tau,t)=0)$表示混合系统，当 $h_{ij}(\tau,t)$是与时间无关的函数时，混合系统为时不变系统。观测信号个数 M 与源信号个数 N 的大小关系反映了系统的信息完备程度，当 $M\geqslant N$ 时，称为超定或适定(over-determined or determined)的情况，而当 $M<N$ 时，称为欠定(under-determined)的情况。

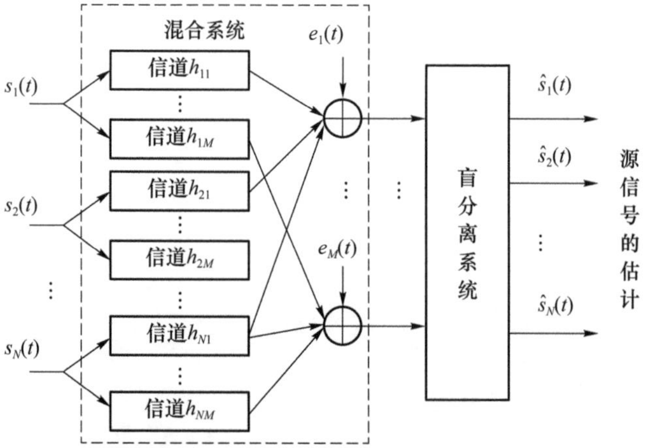

图 2-1 盲源分离基本模型

对于分离系统，其目标是依据某个准则 M 寻找一种由观测信号 $\mathbf{y}$ 到源信号估计 $\hat{\mathbf{s}}$ 之间的映射关系 f，使得

$$\hat{\mathbf{s}}=f(\mathbf{y}|M) \tag{2.2}$$

是源信号 $\boldsymbol{s}$ 矢量经过带有幅度不确定的初等变换的结果，即

$$\hat{\boldsymbol{s}}=\mathrm{diag}(\alpha_1,\alpha_2,\cdots,\alpha_N)\boldsymbol{Px} \tag{2.3}$$

其中，$\alpha_1,\alpha_2,\cdots,\alpha_N$ 均为非零值，且 $\boldsymbol{P}$ 表示某个行转置矩阵。

针对式(2.1)所示的各种混合方式，如今研究最为成熟的是超定或适定情况下的线性瞬时混合盲分离问题，该类算法具有分离速度快分离效果好的特点，基本可以满足通信实时性的要求。卷积混合盲分离虽然更符合实际，但该类算法对噪声比较敏感，而直扩系统中信噪比往往很低，因此不适用。对于卷积混合的情况可以想办法将其转化为瞬时混合的问题进而得到解决。因此，瞬时混合盲分离是本书将要用到的主要算法，下面将详细介绍。

根据式(2.1)的描述，线性瞬时混合盲分离的基本模型可表示为

$$\boldsymbol{y}(t)=\boldsymbol{Hs}(t)+\boldsymbol{e}(t) \tag{2.4}$$

求解式(2.4)所示的盲分离问题，目的就是要找到一个解混矩阵 $\boldsymbol{W}$，使得

$$\hat{\boldsymbol{s}}(t)=\boldsymbol{Wy}(t) \tag{2.5}$$

是对源信号矢量 $\boldsymbol{s}(t)$ 的一个可靠的估计，其原理框图如图 2-2 所示。

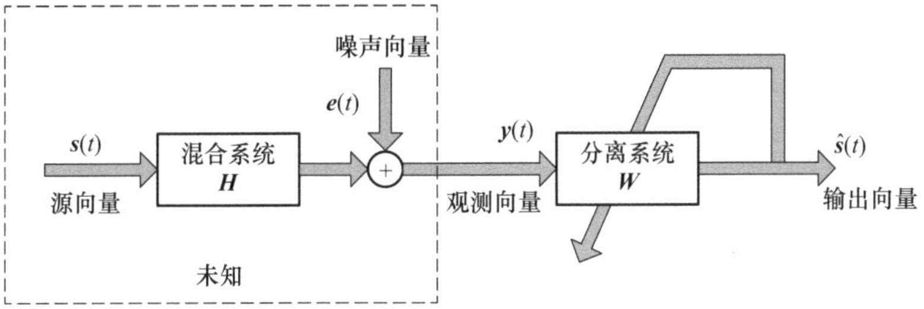

图 2-2 线性瞬时混合盲源分离原理框图

2.2 ICA 盲信号分离基础

当式(2.4)中源信号矢量 $\boldsymbol{s}(t)$ 的各成分相互独立时，ICA 常被用来处理该类盲源分离问题。ICA 通过确定某种变换使输出信号各分量尽可能相互独立，从而实现源信号的恢复。

盲源分离是一个多解的问题，需要在一些假设的基础上进行，而且分离后存在幅度模糊、相位模糊和顺序模糊等问题。

2.2.1 ICA 的基本假设和分离矩阵的可解性

1. 基本假设

盲源分离问题实际上是一个多解问题，即对于一组观测信号 $\boldsymbol{y}(t)$，可能存在

无穷多组不同的混合矩阵 $\boldsymbol{H}$ 和源信号矢量 $\boldsymbol{s}(t)$ 都满足式(2.4)，因此为了使盲分离问题有意义，必须做出一些基本的假设。

利用 ICA 的方法处理盲源分离问题时，一般做如下假设：

① 混合矩阵 $\boldsymbol{H}\in C_{M\times N}$ 为列满秩的矩阵，即传感器个数要大于或等于信号源的个数，即 $\mathrm{rank}(\boldsymbol{H})=N$；

② 源信号矢量 $\boldsymbol{s}(t)$ 是零均值的平稳随机矢量过程，各个分量之间相互统计独立，并且 $\boldsymbol{s}(t)$ 的分量中，服从高斯分布的分量不超过一个；

③ 噪声矢量 $\boldsymbol{e}(t)$ 为零均值的随机矢量，并且与源信号 $\boldsymbol{s}(t)$ 相互统计独立，并且假设噪声矢量可以忽略不计，即 $\boldsymbol{e}(t)=0$。

2. 分离矩阵的可解性

(1) 分划矩阵

已知 $\mathbf{N}(i=1,2,\cdots,n)$ 为 n 个自然数的集合。$\mathbf{N}_i\,(i=1,2,\cdots,r)$ 为 $\mathbf{N}$ 的子集，并且满足 $\mathbf{N}_i\cap\mathbf{N}_j\neq\varnothing,i\neq j$，以及 $\mathbf{N}_1\cup\mathbf{N}_2\cup\cdots\cup\mathbf{N}_r=\mathbf{N}$，即把集合 $\mathbf{N}$ 划分成不相交的 r 个子集，其中 $r\leqslant n$。将满足下式的 $r\times n$ 的矩阵 $\boldsymbol{C}=(c_{ij})$ 称为分划矩阵：

$$c_{ij}=\begin{cases}1, & j\in N_i\\ 0, & j\notin N_i\end{cases} \tag{2.6}$$

对于给定的 r 和 n，矩阵 $\boldsymbol{C}$ 共有如下数目的不同分划矩阵：

$$\sum_{n_1+n_2+\cdots+n_r=n}\frac{n\,!}{n_1\,!\,n_2\,!\cdots n_r\,!} \tag{2.7}$$

当且仅当 $\mathbf{N}$ 的所有子集 $\mathbf{N}_i\,(i=1,2,\cdots,r)$ 都不为空集时，分划矩阵 $\boldsymbol{C}$ 是行满秩的。不难看出，行满秩的分划矩阵就是一个由等于 0 或者 1 的元素组成的矩阵，并且矩阵的每一列只有一个非零元素，而每一行至少有一个非零元素。当 $\mathbf{N}$ 的某个子集 $\mathbf{N}_k$ 为空集时，分划矩阵 $\boldsymbol{C}$ 的第 k 行将全由零元素组成。为使讨论有意义，下面假设分划矩阵 $\boldsymbol{C}$ 是行满秩的。

设 $\boldsymbol{D}=\mathrm{diag}\{d_{11},d_{22},\cdots,d_{m}\}$ 是一个 $n\times n$ 的满秩对角矩阵，即 $\boldsymbol{D}$ 的对角元素 $d_{ij}\neq 0,i=1,2,\cdots,n$，则将 $r\times n$ 的矩阵 $\boldsymbol{G}=\boldsymbol{CD}$ 称为广义分划矩阵。广义分划矩阵 $\boldsymbol{G}$ 的零元素与对应分划矩阵 $\boldsymbol{C}$ 的零元素相同，而非零元素则可以是任何非零值(取决于对角矩阵 $\boldsymbol{D}$)。

(2) 混合矩阵的可分解性

当式 $\boldsymbol{y}(k)=\boldsymbol{Cs}(k)$ 中的混合-分离矩阵 $\boldsymbol{C}$ 为分划矩阵时，该式可以写为

$$y_i=\sum_{j\in\mathbf{N}_i}s_j,\quad i=1,2,\cdots,r \tag{2.8}$$

这样源信号就被分成了 r 组，每一组中的源信号的和就是分离矩阵 $\boldsymbol{W}$ 的一个输出。

若 $r=n$，则集合 $\mathbf{N}$ 的每一个子集 $\mathbf{N}_k$ 将仅包含一个元素，并且这些元素各不相

同，此时的分划矩阵就是大家所熟知的线性代数中的初等矩阵，或称为排列矩阵，其每一行和每一列有且只有一个等于 1 的非零元素，而其余元素均为零。此时式(2.8)就成为

$$y_i = s_j, \quad i, j = 1, 2, \cdots, n \tag{2.9}$$

因此，当混合-分离复合矩阵为一个排列矩阵时，分离矩阵 $\boldsymbol{W}$ 就分离出了所有的源信号，但是不能得到源信号的原始的排列顺序。

当式 $\boldsymbol{y}(k) = \boldsymbol{Cs}(k)$ 中的混合-分离复合矩阵 $\boldsymbol{C}$ 为一个广义分划矩阵时，式(2.8)将变成

$$y_i = \sum_{j \in \mathbf{N}_i} d_{jj} s_j, \quad i = 1, 2, \cdots, r \tag{2.10}$$

即源信号被分成了 r 组，每一组中的源信号的线性组合就是分离矩阵 $\boldsymbol{W}$ 的一个输出。

若 $r = n$，则此时的广义分划矩阵就等于一个排列矩阵和一个满秩对角矩阵的乘积，其每一行和每一列有且仅有一个非零元素，而式(2.9)或式(2.10)将变成

$$y_i = d_{jj} s_j, \quad i = 1, 2, \cdots, n \tag{2.11}$$

即除了在源信号向量中的原始排列顺序以及源信号的真实幅度以外，当混合-分离复合矩阵为一个广义的排列矩阵时，分离矩阵 $\boldsymbol{W}$ 就分出了所有的源信号。

综上所述，混合矩阵的辨识是一个病态问题，存在两个内在的模糊或不确定性：

① 顺序不确定性：尽管可以将各信源正确分开，但并不能确定其排列顺序，这相当于同时交换源信号和混合矩阵与之对应的列的位置后，所得到的观测向量是相同的；

② 尺度不确定性：一个信号和与之对应的混合矩阵列之间互换一固定比例因子，对观测值不会产生影响，因此盲源分离中无法恢复出源信号的幅度信息，而且有时分离出的源信号还有可能与原始源信号反相。

2.2.2 ICA 的预处理

在利用 ICA 处理盲源分离问题时，为了满足源信号具有零均值的假设，需要对其进行去均值处理；另外为了将超定盲分离问题转化为适定盲分离问题，并为了克服尺度不确定性，一般还需对观测信号向量进行白化处理。

(1) 信号的去均值化

已提出的绝大多数盲源分离算法中，都假设信号源的各个分量是均值为零的随机变量，因此为了使实际的盲分离问题符合所提出的数学模型，必须在分离之前预先去除信号的均值。设 $\boldsymbol{y}(t)$ 为均值不为零的随机变量，只需要用 $\bar{\boldsymbol{y}}(t) =$

$\boldsymbol{y}(t)-E[\boldsymbol{y}(t)]$（$E[\cdot]$表示求期望运算）代替 $\boldsymbol{y}(t)$即可。在实际的计算中则用算术平均代替其数学期望来对随机变量的样本去除均值。设 $\boldsymbol{y}(t)=[y_1(t),y_2(t),\cdots,y_M(t)]^{\mathrm{T}},t=1,2,\cdots,L$ 为随机矢量 $\boldsymbol{y}(t)$的 L 个样本，则采用以下的方法去除样本的均值：

$$\bar{y}_i(t)=y_i(t)-\frac{1}{L}\sum_{t=1}^{L}y_i(t),\quad i=1,2,\cdots,M \tag{2.12}$$

本书中假设信号的均值为零，并且除非特别声明，仍然用 $\boldsymbol{y}(t)$而不用 $\bar{\boldsymbol{y}}(t)$表示零均值的信号矢量。

(2) 信号的白化

白化也是信号盲源分离算法中经常用到的一个预处理方法，对于某些盲分离算法，白化还是一个必须的预处理过程。

所谓随机矢量 $\boldsymbol{y}$ 的白化，就是通过一定的线性变换使得变换后的随机矢量

$$\tilde{\boldsymbol{y}}=\boldsymbol{T}\boldsymbol{y} \tag{2.13}$$

的相关矩阵满足 $\boldsymbol{R}_{\tilde{y}}=E[\tilde{\boldsymbol{y}}\ \tilde{\boldsymbol{y}}^{\mathrm{H}}]=\boldsymbol{I}_{N\times N}$（上标 H 表示共轭转置运算）。对混合信号的预白化实际上是去除信号各个分量之间的相关性，即使白化后的信号的分量之间二阶统计独立。

式(2.13)中的矩阵 $\boldsymbol{T}$ 称为白化矩阵，其计算方法如下：

$$\boldsymbol{T}=\boldsymbol{\Sigma}^{-1/2}\boldsymbol{Q}^{\mathrm{T}} \tag{2.14}$$

其中，$\boldsymbol{\Sigma}$ 表示由 $\boldsymbol{R}_y=E[\boldsymbol{y}\boldsymbol{y}^{\mathrm{H}}]$的 N 个最大的特征值 $\lambda_1,\lambda_2,\cdots,\lambda_N$ 构造的对角矩阵，而 $\boldsymbol{Q}$ 为由 N 个特征值对应的特征向量构造的正交矩阵。

混合信号白化的另一类方法是通过对某些代价函数的最小化来实现的。由于白化的目的是寻找一个白化矩阵 $\boldsymbol{T}$，使得变换以后的新矢量的相关矩阵为单位阵，因此可以取 $\tilde{\boldsymbol{y}}(t)=\boldsymbol{T}(t)\boldsymbol{y}(t)$，通过迭代不断调整变换矩阵 $\boldsymbol{T}(t)$的各个元素的值，并逐渐减小新矢量 $\tilde{\boldsymbol{y}}(t)$的相关矩阵和单位矩阵之间的“距离”，以此来实现信号的白化。设 $\boldsymbol{D}=\boldsymbol{T}\boldsymbol{H}$ 为混合-白化复合矩阵，通过对目标函数

$$\Gamma(\boldsymbol{D})=\frac{1}{4}\parallel\boldsymbol{R}_{\tilde{y}}-\boldsymbol{I}_{N\times N}\parallel_F^2 \tag{2.15}$$

进行最小化，可以推导出如下迭代式：

$$\boldsymbol{T}(t+1)=\boldsymbol{T}(t)+\lambda_t[\tilde{\boldsymbol{y}}(t)\tilde{\boldsymbol{y}}(t)^{\mathrm{H}}-\boldsymbol{I}_{N\times N}]\boldsymbol{T}(t) \tag{2.16}$$

其中，λ_t 为学习系数。

由于 $\boldsymbol{I}=E[\tilde{\boldsymbol{y}}(t)\tilde{\boldsymbol{y}}^{\mathrm{H}}(t)]=\boldsymbol{D}E[\boldsymbol{s}(t)\boldsymbol{s}^{\mathrm{H}}(t)]\boldsymbol{D}^{\mathrm{H}}=\boldsymbol{D}\boldsymbol{D}^{\mathrm{H}}$，所以 $\boldsymbol{D}$ 是酉矩阵。

2.2.3 ICA 的一般研究方法

利用 ICA 的方法解决盲源分离问题时，通常采用以下几个步骤：

步骤 1:为信号盲源分离问题设计合理的数学模型。

步骤 2:建立一个恰当的目标函数。根据分离估计器的输出向量间统计独立性的度量推导一个以分离矩阵 $\boldsymbol{W}$ 为变元的目标函数 $\Gamma(\boldsymbol{W})$,使得该函数最大或最小时等价于输出信号之间统计独立。该函数代表一种分离准则,依据不同的分离准则,将推导出不同的算法。

步骤 3:用一种优化手段来推导出一种学习算法,即寻找一种优化算法来求解 $\hat{\boldsymbol{W}}$,若某个 $\hat{\boldsymbol{W}}$ 能使 $\phi(\hat{\boldsymbol{W}})$ 达到极大(或极小值),则该 $\hat{\boldsymbol{W}}$ 为所求的解。

经过对现有基本模型的算法分析可知,大部分算法由两个环节构成,一是目标函数,二是最优化算法。在目标函数为显式的情况下,可以使用任何经典的最优化算法来优化目标函数。因此,盲源分离算法的特性取决于目标函数和最优化算法。

2.2.4 ICA 的常用目标(代价)函数

盲源分离中根据不同的目标函数可建立不同的算法。ICA 常用的目标函数主要有三种,分别为基于最大似然估计的目标函数、基于互信息量最小化的目标函数和基于负熵最大化的目标函数,以下将分别介绍。

1. 基于最大似然估计的目标函数

最大似然估计(Maximum Likelihood,ML)是一种非常普遍的估计方法,它与信息原理紧密相关,是实现盲源分离的一个很流行的方法。假设源信号 $\boldsymbol{s}$ 经线性系统 $\boldsymbol{H}$ 混合后得到观测信号 $\boldsymbol{y}$,其基本思想是要找到解混矩阵 $\boldsymbol{W}$,使得所估计的输出 $\hat{\boldsymbol{x}}=\boldsymbol{W}\boldsymbol{y}$ 的概率密度函数与假设的源信号 $\boldsymbol{x}$ 的概率密度函数尽可能地接近。

设 $\hat{p}_y(\boldsymbol{y})$是对观测向量 $\boldsymbol{y}$ 的概率密度 $p_y(\boldsymbol{y})$的估计,源信号的概率密度函数为 $p_x(\boldsymbol{x})$,根据数理统计理论中关于概率密度变换的结论,观测数据 $\boldsymbol{y}$ 的概率密度函数的估计 $\hat{p}_y(\boldsymbol{y})$与源信号概率密度函数 $p_x(\boldsymbol{x})$满足

$$\hat{p}_y(\boldsymbol{y})=\frac{p_x(\boldsymbol{H}^{-1}\boldsymbol{y})}{|\det \boldsymbol{H}|} \tag{2.17}$$

对于给定的源信号混合模型 $\boldsymbol{y}=\boldsymbol{H}\boldsymbol{x}$,观测数据 $\boldsymbol{y}$ 的似然函数定义为

$$\begin{aligned}\Gamma_{ML}(\boldsymbol{H}) &= E[\log \hat{p}_y(\boldsymbol{y})]\\ &= \int p_y(\boldsymbol{y})\log p_x(\boldsymbol{H}^{-1}\boldsymbol{y})\mathrm{d}\boldsymbol{y} - \log|\det \boldsymbol{H}|\end{aligned} \tag{2.18}$$

它是混合矩阵 $\boldsymbol{H}$ 的函数,当解混矩阵 $\boldsymbol{W}=\boldsymbol{H}^{-1}$时,对数似然函数为

$$\Gamma_{ML}(\boldsymbol{W})\approx \frac{1}{L}\sum_{i=1}^{L}\log p_x(\boldsymbol{W}\boldsymbol{y}) + \log|\det \boldsymbol{W}| \tag{2.19}$$

式中,L 为独立同分布观测数据 $\boldsymbol{y}$ 的样本长度,选取的 L 越大,似然函数的近似程度越高。最大化此似然函数就可获得解混矩阵 $\boldsymbol{W}$ 的最佳估计。

2. 基于互信息量最小化的目标函数

ICA 的目的是使输出信号$\hat{s}(t)$的各个分量尽可能独立，互信息量（或 KL 散度）自然可以作为度量函数。

输出信号$\hat{s}(t)$各分量间的互信息量可以表示为

$$I(\hat{\boldsymbol{s}}) = \mathrm{KL}\left[p_{\hat{x}}(\hat{\boldsymbol{s}}), \prod_{i=1}^{N} p_i(\hat{s}_i)\right] = \int_{\hat{x}} p_{\hat{x}}(\hat{\boldsymbol{s}}) \log\left[\frac{p_{\hat{s}}(\hat{\boldsymbol{s}})}{\prod_{i=1}^{N} p_i(\hat{s}_i)}\right] \mathrm{d}\hat{\boldsymbol{x}} \tag{2.20}$$

可以看出，$I(\hat{\boldsymbol{s}})=0$、$p_{\hat{x}}(\hat{\boldsymbol{s}})=\prod_{i=1}^{N} p_i(\hat{s}_i)$与$\hat{\boldsymbol{s}}$的各分量统计独立这三种表述完全等价。显然$I(\hat{\boldsymbol{s}})$可作为一种目标函数，最小化$I(\hat{\boldsymbol{s}})$就可以减小$\hat{\boldsymbol{s}}$各分量之间的依存性，$I(\hat{\boldsymbol{s}})=0$时各分量达到互相独立。

3. 基于负熵最大化的目标函数

负熵是从熵的概念中引申而来的，输出 N 维随机向量$\hat{\boldsymbol{s}}$的负熵定义为

$$J_g(\hat{\boldsymbol{s}}) = J(\hat{\boldsymbol{s}}_g) - J(\hat{\boldsymbol{s}}) \tag{2.21}$$

式中，$\hat{\boldsymbol{s}}_g$是与$\hat{\boldsymbol{s}}$方差相同的高斯随机向量，$J(\hat{\boldsymbol{s}})$表示随机变量$\hat{\boldsymbol{s}}$的熵。

负熵的特点是它对$\hat{\boldsymbol{s}}$的任意线性变换保持不变，而且总是非负的，只有当$\hat{\boldsymbol{s}}$是高斯分布时负熵才为零。基于这一特点，负熵是一个很好的目标函数，使系统的输出负熵最大化也能实现信号的分离。可以证明，负熵与互信息量的关系为

$$I(\hat{\boldsymbol{s}}) = J_g(\hat{\boldsymbol{s}}) - \sum_{i=1}^{N} J_g(\hat{s}_i) + \frac{1}{2}\log\frac{\prod_{i=1}^{N} C_{ii}}{\det(\boldsymbol{C})} \tag{2.22}$$

式中，$\boldsymbol{C}$是$\hat{\boldsymbol{s}}$的协方差矩阵；C_{ii}为矩阵的对角元素。当$\hat{\boldsymbol{s}}$的各分量不相关时，式(2.22)等号右边第三项为零，简化为

$$I(\hat{\boldsymbol{s}}) = J_g(\hat{\boldsymbol{s}}) - \sum_{i=1}^{N} J_g(\hat{s}_i) \tag{2.23}$$

通过此式不难看出，最小化输出信号$\hat{\boldsymbol{s}}$各分量之间的互信息量$I(\hat{\boldsymbol{s}})$等价于最大化各分量的负熵和$\sum_{i=1}^{N} J_g(\hat{s}_i)$。因此基于负熵的目标函数可以写为

$$\Gamma_g(\hat{\boldsymbol{s}}) = \sum_{i=1}^{N} J_g(\hat{s}_i) \tag{2.24}$$

2.3 盲源分离的评价标准

在完成盲源分离仿真实验后，评价信号分离效果最直接的方法就是从视觉角度比较分离信号与源信号波形的相似程度。这种方法虽然简单高效，但如此主观的定性评判方法很容易因为评判者的个体差别和主观差异而导致评判结果发生偏差，存在一定的局限性。为了客观地定量评判算法抗干扰效果的优劣，通常使用的性能评判指标主要有相似系数、性能指标和误码率。

2.3.1 相似系数

相似系数是通过测量源信号与估计信号波形之间的相似程度差距来评判信号分离效果的物理量。而由盲源分离算法的不确定性可知，混合信号经过盲源分离算法处理后，可能会出现反相现象，此时相关系数为负值，为避免这一情况的发生，一般采用绝对值计算相似系数。

假设第 i 路源信号为 $\boldsymbol{s}_i(t)$，其经过盲源分离抗干扰算法处理后的估计信号为 $\boldsymbol{y}_j(t)$，首先对它们进行归一化处理，可得

$$\begin{cases} \tilde{\boldsymbol{s}}_i(t) = \{\boldsymbol{s}_i(t) - E[\boldsymbol{s}_i(t)]\}/\{D[\boldsymbol{s}_i(t)]\}^{\frac{1}{2}} \\ \tilde{\boldsymbol{y}}_j(t) = \{\boldsymbol{y}_j(t) - E[y_j(t)]\}/\{D[\boldsymbol{y}_j(t)]\}^{\frac{1}{2}} \end{cases} \tag{2.25}$$

其中，$E[\cdot]$为期望运算，$D[\cdot]$为方差运算。

估计信号与源信号的相似系数表达式为

$$\rho = |E[\boldsymbol{s}_i(t), \boldsymbol{y}_j(t)]| = \frac{1}{N}\sum_{i=1}^{N} \boldsymbol{s}_i(t)\boldsymbol{y}_j(t) \tag{2.26}$$

其中，$i,j=1,2,\cdots,N$。

由于盲源分离算法的不确定性，估计信号各分量的排序与源信号各分量的排序往往是不同的，因此一般情况下 $i \neq j$。显然，相似系数 ρ 的取值范围为 $0 \leqslant \rho \leqslant 1$，当 ρ 越接近 1 时，证明估计信号的波形越接近源信号的波形，盲源分离抗干扰算法性能越好，反之则相反。当 $\boldsymbol{y}_j(t) = \lambda_i \boldsymbol{s}_i(t)$时，相关系数 $\rho=1$，此时表明估计信号与源信号完全一致，盲源分离抗干扰算法理论上达到最佳性能。

2.3.2 性能指标

性能指标(Performance Index，PI)的定义式如下：

$$\mathrm{PI}(\boldsymbol{G})=\frac{1}{N(N-1)}\left[\sum_{i=1}^{N}\left(\sum_{j=1}^{N}\frac{|g_{ij}|^2}{\max\limits_{k}|g_{ik}|^2}-1\right)+\sum_{j=1}^{N}\left(\sum_{i=1}^{N}\frac{|g_{ij}|^2}{\max\limits_{k}|g_{kj}|^2}-1\right)\right] \tag{2.27}$$

其中，$\boldsymbol{G}$ 为全局传输矩阵，定义为 $\boldsymbol{G}=\boldsymbol{WA}$，$g_{ij}$ 表示全局传输矩阵 $\boldsymbol{G}$ 的第 (i,j) 个元素，$\max|g_{ik}|$ 表示全局传输矩阵 $\boldsymbol{G}$ 的第 i 行所有元素绝对值中的最大值，$\max|g_{kj}|$ 表示全局传输矩阵 $\boldsymbol{G}$ 的第 j 列所有元素绝对值中的最大值。由性能指标的数学表达式可以看出，性能指标可以看作是分离信号的平均干信比指标。当且仅当全局传输矩阵 $\boldsymbol{G}$ 为广义排列矩阵时，即估计信号与源信号的波形完全一致时，$\mathrm{PI}(\boldsymbol{G})=0$，表明混合信号得到了完全分离。因此，在盲源分离抗干扰算法的性能分析中，$\mathrm{PI}(\boldsymbol{G})$ 越接近于 0，算法性能越好，反之，则算法性能越差。在实际应用中，当 $\mathrm{PI}(\boldsymbol{G})=10^{-2}$ 时就表明该盲源分离抗干扰算法已经达到了目标要求。

根据盲源分离算法的求解过程可以知道，性能指标 $\mathrm{PI}(\boldsymbol{G})$ 是通过迭代逐步得到的，因此通过 $\mathrm{PI}(\boldsymbol{G})$ 可以非常直观地显示出算法的收敛速度与分离效果。

2.3.3 信干比评价标准

信干比(Signal to Interference Ratio，SIR)定义如下：

$$\mathrm{SIR}=\frac{1}{N}\sum_{n=1}^{N}10\log_{10}\mathrm{SIR}_n \tag{2.28}$$

表示消除分离信号顺序不确定性之后的值。其中，$\mathrm{SIR}_n=\dfrac{\sum\limits_{t=1}^{C}(\boldsymbol{W}_{n,1:N}\boldsymbol{A}_{1:N,n}s_n(t))^2}{\sum\limits_{n'=1,n'\neq n}^{N}\sum\limits_{t=1}^{C}(\boldsymbol{W}_{n,1:N}\boldsymbol{A}_{1:N,n'}s_{n'}(t))^2}$。SIR 值越大说明分离后的干扰信号越小，分离信号间的串音干扰越小，算法分离性越好。

2.3.4 信干噪比评价标准

采用信干噪比(Signal to Interference and Noise Ratio，SINR) 来衡量算法的分离性能，其计算公式为

$$\mathrm{SINR}_{ij}=\mathrm{SINR}(\hat{s}_i s_j)=\frac{E[s_j(t)^2]}{E[(s_j(t)-\hat{s}_i(t))^2]} \tag{2.29}$$

如果 $\mathrm{SINR}_{ij}=+\infty$，说明第 i 个分离输出信号与第 j 个源信号完全相同，但由于估计误差不可避免，因此分离完成后 SINR_{ij} 的值只能趋于无穷大；如果 SINR_{ij} 趋近于零或数值较小，则说明分离并未完成。

第 3 章

基于AR-HMGP模型的非平稳源盲分离

3.1 引　言

若随机信号的均值和方差不依赖于时间，且其自相关函数仅依赖于时间差，这种信号叫广义平稳信号。而如果随机信号的某阶统计量（如随机信号的均值、方差、自相关函数等）随时间发生变化，则称该随机信号是非平稳的。实际应用中所遇到的大多数信号都为非平稳信号，如语音信号、通信信号等。对于通信信号来说，由于其原始的比特数据流经历了多个滤波器的作用，其信号波形在具有非平稳特性的同时还具有时间结构特性。目前，对非平稳信号的盲分离算法研究主要分为两大类：一类是基于 ICA 的算法；另一类是基于去相关的算法。基于去相关理论的算法利用两个或多个源信号拖尾的互相关矩阵，结合矩阵特性实现混合系统辨识，并分离出源信号。该方法能够有效解决当源信号不独立或源信号中有多个高斯信号时的盲分离问题，这种情况下采用 ICA 是不能实现信号盲分离的。基于 ICA 理论的盲分离算法依据分离信号间非独立性最小为准则构造对比函数，当源信号中至多只有一个高斯信号且源信号间相互独立时，该方法可以分离任意信号组。甚至在源信号间有谱重叠时也能够实现源信号的分离，这在通信系统中具有很重大的意义，即可以在不耗费额外的功率和频率资源的条件下消除干扰实现正常通信。当源信号具有相同的谱结构时，采用去相关方法是不能实现的。因此，需要针对不同的应用环境选择相应的分离算法，这给盲分离技术的应用带来不便。究其原因，主要是因为以上两种方法将信号的时间-空间结构隔离开来分析研究，导致源信号的时间-空间结构信息没有得到充分利用。针对以上问题，本章提出一种将信号时间-空间结构结合的算法以统一解决上述的两种情形。

信号的时间结构通常采用 AR（Autoregressive）模型或 HMM（Hidden Markov Model）模型来建模。基于 AR 模型的盲分离可采用 ICA 或去相关理论求解，但 AR 模型只能用于描述平稳信号，而许多实际信号往往都是非平稳的。非平稳信号常用 HMM 模型描述。基于 HMM 源模型的 BSS 算法可以用于解决非平稳源信号的分离问题，但其算法都是基于 ICA 展开研究的，同样不能解决非独立源分离的问题。还有一类采用滑动平均（Moving Average Process，MA）模型对源信号的时间结构建模的方法，由于其需要求解一个反向传播的 FIR 滤波器，相较于 AR 模型计算复杂，因此该模型在盲分离中研究得较少。

针对源信号的统计分布模型应用较多的有 GMM 模型、广义高斯分布（Generalized Gaussian Distribution，GGD）模型和广义双曲分布模型等。基于源统计分布模型的盲分离算法主要是采用 ICA 理论解决平稳信号的盲分离问题。同时，也有人[44]将 HMM 模型与 GMM 结合用于描述非平稳信号的非平稳特性和统计特性，获得了较好的分离结果。但是，该模型复杂度较高，其运算复杂度随模型阶数增加呈指数级增长。

在源信号模型的选择上，总是希望该模型能够完美地刻画不同信号的时间-空间结构，但同时又希望模型的参数要尽可能少。考虑到 AR 模型复杂度随阶数增加线性增长，且使用少量的新息过程状态就可以很好地描述非平稳信号，我们将新息过程建模为高斯非平稳过程，并用 HMM 模型描述其非平稳特性。由本章 3.5 节仿真可以得出 3 状态 HMM 模型即可获得很好的性能。这样我们就构建了一个有效描述非平稳源信号的时间-空间结构的模型。基于以上模型我们建立了一个含有隐变量的非完全数据求解问题，此类问题最典型的方法是通过 ML 准则求解。关于 ML 准则下非完全数据问题的求解，有两种方法可供选择：一种是 MCMC (Markov Chain Monte Carlo)算法[99]，另一种是 EM 算法[45]。考虑到 EM 算法简单且收敛速度快[46]，故本章选择 EM 算法。

3.2 问题描述

瞬时混合系统模型如下：

$$\boldsymbol{X}(t)=\boldsymbol{A}\boldsymbol{S}(t) \tag{3.1}$$

其中，$\boldsymbol{S}(t)=[s_1(t),s_2(t),\cdots,s_N(t)]^{\mathrm{T}}$ 是 N 个非平稳信号源矢量，$\boldsymbol{A}$ 是 $M\times N$ 维的混合矩阵，$\boldsymbol{X}(t)=[x_1(t),x_2(t),\cdots,x_M(t)]^{\mathrm{T}}$ 是 M 个观测信号矢量，$[\cdot]^{\mathrm{T}}$ 表示转置运算。盲源分离的任务是构造一个分离矩阵 $\boldsymbol{W}$，使得 $\hat{\boldsymbol{S}}(t)=\boldsymbol{W}\boldsymbol{X}(t)$ 是源信号 $\boldsymbol{S}(t)$ 的一个估计(分离信号可能会存在幅度或顺序的模糊)。在超定($M>N$)情况下，一般是采用降维手段[47]将其转变为适定($M=N$)之后再进行分析。为简化分析，本章设定 $M=N$。

3.3 非平稳源信号模型

用矢量 AR(Vector AR，VAR)模型结构表征信号的时间结构，用新息过程的 HMM 矢量高斯模型表征统计非平稳特性，即空间结构。这一模型能够以很少的参数完美地表征信号。对一个 N 维的信号 $\boldsymbol{S}(t)$，其 VAR 模型可表述为

$$\boldsymbol{S}(t)=\sum_{l=1}^{L}\boldsymbol{D}_l\boldsymbol{S}(t-l)+\boldsymbol{V}(t) \tag{3.2}$$

其中，$\boldsymbol{D}_l=\mathrm{diag}[d_{1l},d_{2l},\cdots,d_{Nl}]$ 是 VAR 模型系数矩阵，L 是 VAR 模型阶数，$\boldsymbol{V}(t)=[v_1(t),v_2(t),\cdots,v_N(t)]^{\mathrm{T}}$ 是矢量新息过程。

可以将该模型看作是有三层结构的参数生成模型，如图 3－1 所示，图中椭圆中的参数是模型参数，圆中的参数是变量。首先，利用 Markov 过程产生一组 K 状态序列$(z(1),z(2),\cdots,z(C))$，其中 $z(t)\in\{1,2,\cdots,K\}$，C 是样本长度。然后，状态序列按照相应的概率分布生成 VAR 模型的新息过程。最后，根据 VAR 模型结构即可生成相应的源信号。其中，关于 Markov 过程有两点约束条件需要特殊说明：

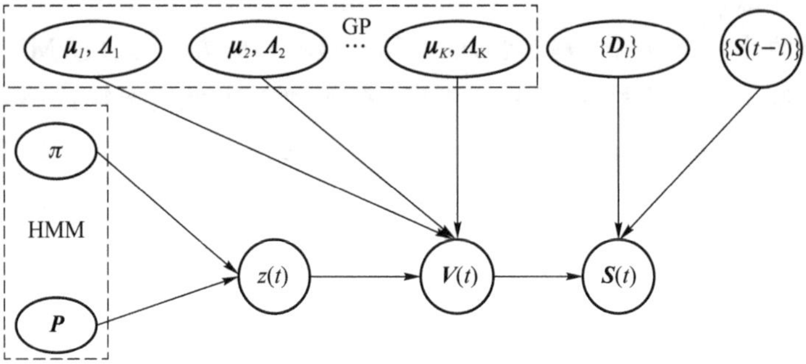

图 3－1 源信号的概率生成模型

① 此 Markov 过程是一阶的，即 t 时刻的状态 $z(t)$ 只与 $t-1$ 时刻的状态 $z(t-1)$ 有关，与 $t-1$ 之前的状态无关，即

$$\Pr(z(t)\mid z(t-1),z(t-2),\cdots,z(1))=\Pr(z(t)\mid z(t-1)) \tag{3.3}$$

② 新息过程在 t 时刻的取值只与 t 时刻的状态有关，而与其他变量无关，即

$$f_{\mathbf{V}\mid z}(\mathbf{V}(t)\mid z(t),\Xi)=f_{\mathbf{V}\mid z}(\mathbf{V}(t)\mid z(t)) \tag{3.4}$$

其中，Ξ 表示除 t 时刻状态外的其他变量。

状态序列的初始状态概率为 $\pi_k=\Pr(z(1)=k)$，由状态 i 转向状态 k 的概率为 $p_{ik}=\Pr(z(t)=k\mid z(t-1)=i)$，$i,k=1,2,\cdots,K$。由 Markov 过程约束条件②可得

$$f_{\mathbf{V}\mid z}(\mathbf{V}(1:C)\mid z(1:C))=\prod_{t=1}^{C}f_{\mathbf{V}\mid z}(\mathbf{V}(t)\mid z(t)) \tag{3.5}$$

t 时刻新息过程在状态 $z(t)=k$ 的条件下，其概率密度函数为

$$f_{\mathbf{V}\mid z}(\mathbf{V}(t)\mid z(t)=k)=N(\mathbf{V}(t);\boldsymbol{\mu}_k,\boldsymbol{\Lambda}_k) \tag{3.6}$$

其中，$N(\cdot;\cdot,\cdot)$表示高斯密度函数，$\boldsymbol{\Lambda}_k=\begin{bmatrix}\sigma_{k11}^2 & \sigma_{k12}^2 & \cdots & \sigma_{k1N}^2\\ \sigma_{k21}^2 & \sigma_{k22}^2 & \cdots & \sigma_{k2N}^2\\ \vdots & \vdots & & \vdots\\ \sigma_{kN1}^2 & \sigma_{kN2}^2 & \cdots & \sigma_{kNN}^2\end{bmatrix}$$(\sigma_{kij}^2=\sigma_{kji}^2,i,$

$j=1,2,\cdots,N$)，$\boldsymbol{\mu}_k=\begin{bmatrix}\mu_1^k\\ \mu_2^k\\ \vdots\\ \mu_N^k\end{bmatrix}$分别是第 k 个状态下 N 维信号的协方差矩阵和均值向量，为保证 VAR 模型的稳定性，这里假设 $\boldsymbol{\mu}_k=\mathbf{0}$。注意，对于联合高斯概率分布，若互协方差 $\sigma_{kij}^2=0(i\neq j)$，则说明信号间是相互独立的，否则是相关的。因此，本模型也可以用于描述非独立源信号。

在初始时刻，$\boldsymbol{S}(1)=\boldsymbol{V}(1)$，则

$$\begin{aligned}f_{\boldsymbol{S}}(\boldsymbol{S}(1))&=\sum_{k=1}^{K}\Pr(z(1)=k)f_{\boldsymbol{S}\mid z}(\boldsymbol{S}(1)\mid z(1)=k)\\&=\sum_{k=1}^{K}\pi_k N(\boldsymbol{S}(1);\mathbf{0},\boldsymbol{\Lambda}_k)\end{aligned}\tag{3.7}$$

t 时刻源信号联合概率密度函数为

$$f_{\boldsymbol{S}}(\boldsymbol{S}(t))=\sum_{k=1}^{K}\Pr(z(t)=k)N\left(\boldsymbol{S}(t);\sum_{l=1}^{L}\boldsymbol{D}_l\boldsymbol{S}(t-l),\boldsymbol{\Lambda}_k\right)\tag{3.8}$$

3.4 基于 AR-HMGP 模型的非平稳源信号盲分离算法

3.4.1 观测信号概率分布模型

将式(3.2)代入式(3.1)得观测信号的矢量 AR 模型：

$$\begin{aligned}\boldsymbol{X}(t)&=\sum_{l=1}^{L}\boldsymbol{A}\boldsymbol{D}_l\boldsymbol{S}(t-l)+\boldsymbol{A}\boldsymbol{V}(t)\\&=\sum_{l=1}^{L}\boldsymbol{A}\boldsymbol{D}_l\boldsymbol{A}^{-1}\boldsymbol{X}(t-l)+\boldsymbol{A}\boldsymbol{V}(t)\\&=\sum_{l=1}^{L}\boldsymbol{M}_l\boldsymbol{X}(t-l)+\boldsymbol{A}\boldsymbol{V}(t)\end{aligned}\tag{3.9}$$

其中，$\boldsymbol{M}_l=\boldsymbol{A}\boldsymbol{D}_l\boldsymbol{A}^{-1}$。在初始时刻，$\boldsymbol{X}(1)=\boldsymbol{A}\boldsymbol{V}(1)$，则

$$\begin{aligned}f_{\boldsymbol{X}}(\boldsymbol{X}(1))&=\sum_{k=1}^{K}\Pr(z(1)=k)f_{\boldsymbol{X}\mid z}(\boldsymbol{X}(1)\mid z(1)=k)\\&=\sum_{k=1}^{K}\pi_k N(\boldsymbol{X}(1);\mathbf{0},\boldsymbol{R}_k)\end{aligned}\tag{3.10}$$

其中，$\boldsymbol{R}_k=\boldsymbol{A}\boldsymbol{\Lambda}_k\boldsymbol{A}^{\mathrm{T}}$，上标 T 表示转置运算。$t-1$ 时刻状态为 i 条件下观测信号 $\boldsymbol{X}(t)$的联合似然函数为

$$f_{\boldsymbol{X}|z}(\boldsymbol{X}(t)\,|\,z(t-1)=i)=\sum_{k=1}^{K}\Pr(z(t)=k\,|\,z(t-1)=i)f_{\boldsymbol{X}|z}(\boldsymbol{X}(t)\,|\,z(t)=k)$$
$$=\sum_{k=1}^{K}p_{ik}N\left(\boldsymbol{X}(t);\sum_{l=1}^{L}\boldsymbol{M}_l\boldsymbol{X}(t-l),\boldsymbol{R}_k\right) \tag{3.11}$$

根据以上描述,图 3-2 给出了观测信号的概率生成模型。

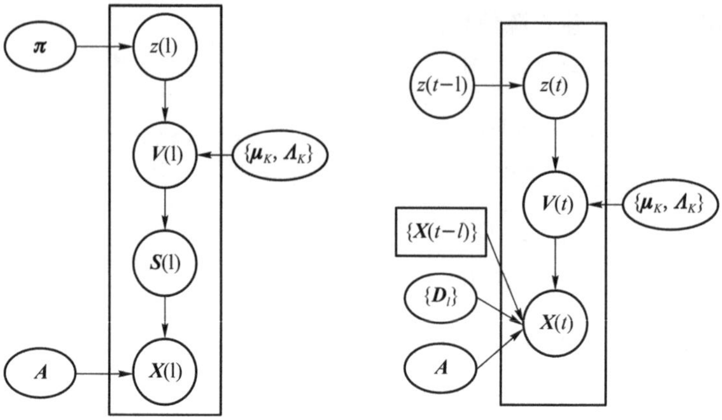

(a) 初始时刻t=1的概率分布模型　　(b) $t-1$时刻到t时刻的转移概率生成模型

图 3-2 观测信号概率生成模型

由此,观测信号的概率密度函数可表示为

$$f_{\boldsymbol{X}}(\boldsymbol{X}(1:C);\boldsymbol{\theta})=\sum_{k_1,k_2,\cdots,k_T=1}^{K}\Pr(z(1:C)=(k_1,k_2,\cdots,k_T))$$
$$f_{\boldsymbol{X}|z}(\boldsymbol{X}(1:C)\,|\,z(1:C)=(k_1,k_2,\cdots,k_T);\boldsymbol{\theta})$$
$$=\sum_{k=1}^{K}\Pr(z(1)=k)f_{\boldsymbol{X}|z}(\boldsymbol{X}(1)\,|\,z(1)=k;\boldsymbol{\theta})\cdot$$
$$\prod_{t=2}^{C}\sum_{k_1,k_2=1}^{K}\Pr(z(t)=k_1\,|\,z(t-1)=k_2)f_{\boldsymbol{X}|z}(\boldsymbol{X}(t)\,|\,z(t)=k_1;\boldsymbol{\theta}) \tag{3.12}$$

其中,$\boldsymbol{\theta}=\{\{\boldsymbol{\Lambda}_k\}_{k=1}^{K},\{\boldsymbol{D}_l\}_{l=1}^{L},\boldsymbol{A},\boldsymbol{\pi},\boldsymbol{P}\}\in\Omega$ 定义为系统模型的未知参数集合。

3.4.2 构造基于 ML 准则的辅助函数

可以从观测信号向量 $\boldsymbol{X}(1:C)$中利用最大似然估计器估计出未知的参数集 $\boldsymbol{\theta}$,即

$$\boldsymbol{\theta}=\arg\max_{\theta\in\Omega}\log f_{\boldsymbol{X}}(\boldsymbol{X}(1:C);\boldsymbol{\theta}) \tag{3.13}$$

其中,Ω 是系统模型的未知参数空间。根据式(3.11)和式(3.12),对数似然函数可

以写为

$$\log f_{\boldsymbol{X}}(\boldsymbol{X}(1:C);\boldsymbol{\theta})=\log\sum_{k=1}^{K}\pi_k N(\boldsymbol{X}(1);\boldsymbol{0},\boldsymbol{R}_k)+\sum_{t=2}^{C}\log\sum_{k_1,k_2=1}^{K}p_{k_2k_1}N\left(\boldsymbol{X}(t);\sum_{l=1}^{L}\boldsymbol{M}_l\boldsymbol{X}(t-l),\boldsymbol{R}_{k_1}\right) \tag{3.14}$$

期望最大化算法[45]中的完全数据集选择为 $F=(\boldsymbol{X}(1:C),\boldsymbol{y}(1:C))$，$\boldsymbol{y}(1:C)$ 为离散的隐状态指数向量，$\boldsymbol{y}(t)=[y_1(t),y_2(t),\cdots,y_K(t)]^{\mathrm{T}}$，其概率密度分布函数为 $f_{\boldsymbol{y}}(\boldsymbol{y}(t))=\sum_{k=1}^{K}\Pr(z(t)=k)\delta(y_k(t)-1)$，其中 $\delta(\cdot)$ 是 Dirac δ 函数，且

$$y_k(t)=\begin{cases}1, & z(t)=k\\ 0, & 其他\end{cases} \tag{3.15}$$

由此，$\boldsymbol{X}(1:C)$，$\boldsymbol{y}(1:C)$ 联合概率密度对数函数为

$$\begin{aligned}&\log f_{\boldsymbol{X},\boldsymbol{y}}(\boldsymbol{X}(1:C),\boldsymbol{y}(1:C);\boldsymbol{\theta})\\ =&\sum_{k=1}^{K}y_k(1)\log(\pi_k N(\boldsymbol{X}(1);\boldsymbol{0},\boldsymbol{R}_k))+\\ &\sum_{t=2}^{C}\sum_{k_1,k_2=1}^{K}y_{k_1}(t)y_{k_2}(t)\log\left(p_{k_2k_1}N\left(\boldsymbol{X}(t);\sum_{l=1}^{L}\boldsymbol{M}_l\boldsymbol{X}(t-l),\boldsymbol{R}_{k_1}\right)\right)\end{aligned} \tag{3.16}$$

对式(3.16)关于状态序列求期望可得最大似然准则条件下的对比函数：

$$\begin{aligned}L&=E_{\boldsymbol{y}|\boldsymbol{X}}\log f_{\boldsymbol{X},\boldsymbol{y}}(\boldsymbol{X}(1:C),\boldsymbol{y}(1:C);\boldsymbol{\theta})\\ &=F_1+F_2+F_3\end{aligned} \tag{3.17}$$

其中

$$F_1=\sum_{k=1}^{K}\gamma_k(1)\log\pi_k \tag{3.18}$$

$$F_2=\sum_{t=1}^{C-1}\sum_{k_1,k_2=1}^{K}\xi_{k_1k_2}(t)\log p_{k_1k_2} \tag{3.19}$$

$$F_3=\sum_{t=1}^{C}\sum_{k=1}^{K}\gamma_k(t)\log\varphi_k(t) \tag{3.20}$$

其中，$\gamma_k(t)=\Pr(z(t)=k\,|\,\boldsymbol{X},\boldsymbol{\theta})$，$\xi_{k_1k_2}(t)=\Pr(z(t)=k_1,z(t+1)=k_2\,|\,\boldsymbol{X},\boldsymbol{\theta})$，$\varphi_k(t)=f_{\boldsymbol{X}}(\boldsymbol{X}(t)\,|\,z(t)=k,\boldsymbol{\theta})$。

从式(3.18)、式(3.19)和式(3.20)可以看出，优化 F_1 可以得到 HMM 模型初始状态概率 $\boldsymbol{\pi}$ 的估计，优化 F_2 可以得到 HMM 模型状态转移矩阵 $\boldsymbol{P}$ 的估计，优化 F_3 可以得到参数集 $\bar{\boldsymbol{\theta}}=\{\{\boldsymbol{\Lambda}_k\}_{k=1}^{K},\{\boldsymbol{D}_l\}_{l=1}^{L},\boldsymbol{A}\}$ 的估计。

3.4.3 EM算法

1. E-step

EM算法中E步是在其他参数值保持不变的情况下，求后验概率 $\gamma_k(t)$ 的值。但是直接求解比较困难，需要遍历所有可能的状态序列。求解这一问题比较好的方法是Baum-Welch算法[48]。

首先定义一个前向变量

$$\alpha_k(t)=f(\boldsymbol{X}(1:t),z(t)=k\,|\,\boldsymbol{\theta}) \tag{3.21}$$

它表示 t 时刻隐状态为 k 且观测信号取值为 $\boldsymbol{X}(1),\boldsymbol{X}(2),\cdots,\boldsymbol{X}(t)$ 的概率。它满足以下关系式：

$$\begin{cases}\alpha_k(1)=\pi_k\varphi_k(1)\\ \alpha_k(t+1)=\left[\sum_{j=1}^{K}\alpha_j(t)p_{jk}\right]\varphi_k(t)\\ f_{\boldsymbol{X}}(\boldsymbol{X}(1:C)\,|\,\boldsymbol{\theta})=\sum_{k=1}^{K}\alpha_k(C)\end{cases} \tag{3.22}$$

然后，定义一个后向变量

$$\beta_k(t)=f(\boldsymbol{X}(t+1:C)\,|\,z(t)=k,\boldsymbol{\theta}) \tag{3.23}$$

它表示在 t 时刻隐状态为 k 的条件下，观测信号在 t 时刻之后的取值为 $\boldsymbol{X}(t+1)$，$\boldsymbol{X}(t+2),\cdots,\boldsymbol{X}(C)$ 的条件概率。它满足以下关系式：

$$\begin{cases}\beta_k(C)=1\\ \beta_k(t)=\sum_{j=1}^{K}p_{kj}\varphi_j(t+1)\beta_j(t+1)\\ f_{\boldsymbol{X}}(\boldsymbol{X}(1:C)\,|\,\boldsymbol{\theta})=\sum_{k=1}^{K}\alpha_k(1)\pi_k\varphi_k(t)\end{cases} \tag{3.24}$$

后验概率可由下式计算：

$$\gamma_k(t)=\frac{\alpha_k(t)\beta_k(t)}{\sum_{j=1}^{K}\alpha_j(t)\beta_j(t)} \tag{3.25}$$

$$\xi_{ij}(t)=\frac{\alpha_i(t)p_{ij}\beta_j(t+1)\varphi_j(t+1)}{\sum_{i'=1}^{K}\sum_{j'=1}^{K}\alpha_{i'}(t)p_{i'j'}\beta_{j'}(t+1)\varphi_{j'}(t+1)} \tag{3.26}$$

2. M-step

M步是在E步中后验概率不变的条件下，关于参数集 $\boldsymbol{\theta}$ 求式(3.17)的最大值。这等效于关于参数 $\boldsymbol{\pi},\boldsymbol{P},\bar{\boldsymbol{\theta}}$ 分别求 F_1,F_2,F_3 的最大化。

首先,关于参数 $\boldsymbol{\pi}$ 求 F_1 的最大化,该问题可描述为

$$\begin{cases}\boldsymbol{\pi}=\arg\max\limits_{\boldsymbol{\pi}}\sum\limits_{k=1}^{K}\gamma_k(1)\log\pi_k \\ \text{s. t.}\quad \sum\limits_{k=1}^{K}\pi_k=1\end{cases}\tag{3.27}$$

利用拉格朗日乘子法,引入拉格朗日乘子 λ,并令式(3.18)关于 π_k 的偏导数为 0,可得

$$\frac{\partial}{\partial\pi_k}\Big[\sum_{k=1}^{K}\gamma_k(1)\log\pi_k+\lambda\Big(\sum_{k=1}^{K}\pi_k-1\Big)\Big]=0\tag{3.28}$$

由此得到 λ 与 π_k 之间的关系式 $\pi_k=\dfrac{\gamma_k(1)}{\lambda}$,并结合限制条件 $\sum\limits_{k=1}^{K}\pi_k=1$,得到 HMM 初始状态概率为

$$\pi_k=\gamma_k(1)\tag{3.29}$$

关于 HMM 模型状态转移概率 $\boldsymbol{P}$ 的估计,可描述为

$$\begin{cases}\boldsymbol{P}=\arg\max\limits_{\boldsymbol{P}}F_2=\arg\max\limits_{\boldsymbol{P}}\sum\limits_{t=1}^{C-1}\sum\limits_{i,j=1}^{K}\xi_{ij}(t)\log p_{ij} \\ \text{s. t.}\quad \sum\limits_{j=1}^{K}p_{ij}=1\end{cases}\tag{3.30}$$

利用拉格朗日乘子法,引入拉格朗日乘子 λ,并令式(3.19)关于 p_{ij} 的偏导数为 0,可得

$$\frac{\partial}{\partial p_{ij}}\Big[\sum_{t=1}^{C-1}\sum_{i',j'=1}^{K}\xi_{i'j'}(t)\log p_{i'j'}+\lambda\Big(\sum_{j=1}^{K}p_{ij'}-1\Big)\Big]=0\tag{3.31}$$

由此得到 λ 与 p_{ij} 之间的关系式 $p_{ij}=\dfrac{\sum\limits_{t=1}^{C-1}\xi_{ij}(t)}{\lambda}$,并结合限制条件 $\sum\limits_{j=1}^{K}p_{ij}=1$,得到 HMM 模型状态转移概率为

$$p_{ij}=\frac{\sum\limits_{t=1}^{C-1}\xi_{ij}(t)}{\sum\limits_{j=1}^{K}\sum\limits_{t=1}^{C-1}\xi_{ij}(t)}=\frac{\sum\limits_{t=1}^{C-1}\xi_{ij}(t)}{\sum\limits_{t=1}^{C-1}\gamma_i(t)}\tag{3.32}$$

关于参数集 $\bar{\boldsymbol{\theta}}=\{\{\boldsymbol{\Lambda}_k\}_{k=1}^{K},\{\boldsymbol{D}_l\}_{l=1}^{L},\boldsymbol{A}\}$ 的更新,可用梯度优化算法求解。将式(3.20)展开如下:

$$F_3=\sum_{t=1}^{C}\sum_{k=1}^{K}-\frac{1}{2}\gamma_k(t)\Big[\Big(\boldsymbol{X}(t)-\sum_{l=1}^{L}\boldsymbol{M}_l\boldsymbol{X}(t-l)\Big)^{\mathrm{T}}\boldsymbol{R}_k^{-1}\Big(\boldsymbol{X}(t)-\sum_{l=1}^{L}\boldsymbol{M}_l\boldsymbol{X}(t-l)\Big)$$

$$
\begin{aligned}
&+\log|\boldsymbol{R}_k|\Big]+u\\
&=\sum_{t=1}^{C}\sum_{k=1}^{K}-\frac{1}{2}\gamma_k(t)\Big[\Big(\boldsymbol{X}(t)-\sum_{l=1}^{L}\boldsymbol{A}\boldsymbol{D}_l\boldsymbol{A}^{-1}\boldsymbol{X}(t-l)\Big)^{\mathrm{T}}(\boldsymbol{A}\boldsymbol{\Lambda}_k\boldsymbol{A}^{\mathrm{T}})^{-1}\\
&\Big(\boldsymbol{X}(t)-\sum_{l=1}^{L}\boldsymbol{A}\boldsymbol{D}_l\boldsymbol{A}^{-1}\boldsymbol{X}(t-l)\Big)+\log|\boldsymbol{A}\boldsymbol{\Lambda}_k\boldsymbol{A}^{\mathrm{T}}|\Big]+u\\
&=\sum_{t=1}^{C}\sum_{k=1}^{K}-\frac{1}{2}\gamma_k(t)\boldsymbol{B}_k(t)+u
\end{aligned}
\tag{3.33}
$$

其中，u 是常数，

$$
\begin{aligned}
\boldsymbol{B}_k(t)=&\boldsymbol{X}^{\mathrm{T}}(t)\boldsymbol{W}^{\mathrm{T}}\boldsymbol{C}_k\boldsymbol{W}\boldsymbol{X}(t)-\sum_{l=1}^{L}\boldsymbol{X}^{\mathrm{T}}(t)\boldsymbol{W}^{\mathrm{T}}\boldsymbol{C}_k\boldsymbol{D}_l\boldsymbol{W}\boldsymbol{X}(t-l)-\\
&\sum_{l=1}^{L}\boldsymbol{X}^{\mathrm{T}}(t-l)\boldsymbol{W}^{\mathrm{T}}\boldsymbol{D}_l\boldsymbol{C}_k\boldsymbol{W}\boldsymbol{X}(t)-2\log|\boldsymbol{W}|-\log|\boldsymbol{C}_k|+\\
&\sum_{l_1=1}^{L}\sum_{l_2=1}^{L}\boldsymbol{X}^{\mathrm{T}}(t-l_1)\boldsymbol{W}^{\mathrm{T}}\boldsymbol{D}_{l_1}\boldsymbol{C}_k\boldsymbol{D}_{l_2}\boldsymbol{W}\boldsymbol{X}(t-l_2)
\end{aligned}
\tag{3.34}
$$

$\boldsymbol{W}=\boldsymbol{A}^{-1}$是分离矩阵，$\boldsymbol{C}_k=\boldsymbol{\Lambda}_k^{-1}$。基于此，基于梯度优化算法的参数更新可表述如下：

(1) 更新 $\boldsymbol{W}$

$$
\boldsymbol{W}\leftarrow\boldsymbol{W}+\eta\frac{\partial F_3}{\partial\boldsymbol{W}}
\tag{3.35}
$$

其中，η 是收敛因子

$$
\frac{\partial F_3}{\partial\boldsymbol{W}}=\sum_{t=1}^{C}\sum_{k=1}^{K}-\frac{1}{2}\gamma_k(t)\frac{\partial\boldsymbol{B}_k(t)}{\partial\boldsymbol{W}}
\tag{3.36}
$$

$$
\begin{aligned}
\frac{\partial\boldsymbol{B}_k(t)}{\partial\boldsymbol{W}}=&2\boldsymbol{C}_k\boldsymbol{W}\boldsymbol{X}(t)\boldsymbol{X}^{\mathrm{T}}(t)-2\sum_{l=1}^{L}\boldsymbol{C}_k\boldsymbol{D}_l\boldsymbol{W}(\boldsymbol{X}(t)\boldsymbol{X}^{\mathrm{T}}(t-l)+\boldsymbol{X}(t-l)\boldsymbol{X}^{\mathrm{T}}(t))+\\
&\sum_{l_1=1}^{L}\sum_{l_2=1}^{L}\boldsymbol{D}_{l_1}\boldsymbol{C}_k\boldsymbol{D}_{l_2}\boldsymbol{W}(\boldsymbol{X}(t-l_1)\boldsymbol{X}^{\mathrm{T}}(t-l_2)+\boldsymbol{X}(t-l_2)\boldsymbol{X}^{\mathrm{T}}(t-l_1))
\end{aligned}
\tag{3.37}
$$

(2) 更新 $\boldsymbol{C}_k$

$$
\boldsymbol{C}_k\leftarrow\boldsymbol{C}_k+\eta\frac{\partial F_3}{\partial\boldsymbol{C}_k}
\tag{3.38}
$$

$$
\frac{\partial F_3}{\partial\boldsymbol{C}_k}=\sum_{t=1}^{C}-\frac{1}{2}\gamma_k(t)\frac{\partial\boldsymbol{B}_k(t)}{\partial\boldsymbol{C}_k}
\tag{3.39}
$$

$$
\begin{aligned}
\frac{\partial\boldsymbol{B}_k(t)}{\partial\boldsymbol{C}_k}=&\boldsymbol{W}\boldsymbol{X}(t)\boldsymbol{X}^{\mathrm{T}}(t)\boldsymbol{W}^{\mathrm{T}}+\sum_{l_1=1}^{L}\sum_{l_2=2}^{L}\boldsymbol{D}_{l_1}\boldsymbol{W}\boldsymbol{X}(t-l_1)\boldsymbol{X}^{\mathrm{T}}(t-l_2)\boldsymbol{W}^{\mathrm{T}}\boldsymbol{D}_{l_2}-(\boldsymbol{C}_k^{-1})^{\mathrm{T}}-\\
&\sum_{l=1}^{L}\boldsymbol{W}\boldsymbol{X}(t)\boldsymbol{X}^{\mathrm{T}}(t-l)\boldsymbol{W}^{\mathrm{T}}\boldsymbol{D}_l-\sum_{l=1}^{L}\boldsymbol{W}\boldsymbol{X}^{\mathrm{T}}(t-l)\boldsymbol{X}(t)\boldsymbol{W}^{\mathrm{T}}\boldsymbol{D}_l
\end{aligned}
$$

(3.40)

(3) 更新 $\boldsymbol{D}_l$

$$\boldsymbol{D}_l \leftarrow \boldsymbol{D}_l + \eta \frac{\partial F_3}{\partial \boldsymbol{D}_l} \tag{3.41}$$

$$\frac{\partial F_3}{\partial \boldsymbol{D}_l} = \sum_{t=1}^{C} \sum_{k=1}^{K} -\frac{1}{2}\gamma_k(t)\frac{\partial \boldsymbol{B}_k(t)}{\partial \boldsymbol{D}_l} \tag{3.42}$$

$$\begin{aligned}\frac{\partial \boldsymbol{B}_k(t)}{\partial \boldsymbol{D}_l} = & -\boldsymbol{C}_k\boldsymbol{W}\boldsymbol{X}(t)\boldsymbol{X}^{\mathrm{T}}(t-l)\boldsymbol{W}^{\mathrm{T}} + \sum_{l'=1}^{L}\boldsymbol{C}_k\boldsymbol{D}_{l'}\boldsymbol{W}\boldsymbol{X}(t-l')\boldsymbol{X}^{\mathrm{T}}(t-l)\boldsymbol{W}^{\mathrm{T}} + \\ & \sum_{l'=1}^{L}\boldsymbol{W}\boldsymbol{X}(t-l)\boldsymbol{X}^{\mathrm{T}}(t-l')\boldsymbol{W}^{\mathrm{T}}\boldsymbol{D}_{l'}\boldsymbol{C}_k - \boldsymbol{C}_k\boldsymbol{W}\boldsymbol{X}(t-l)\boldsymbol{X}^{\mathrm{T}}(t)\boldsymbol{W}^{\mathrm{T}}\end{aligned} \tag{3.43}$$

综上所述,基于 AR-HMGP 模型的非平稳源信号盲分离算法的流程如图 3-3 所示。

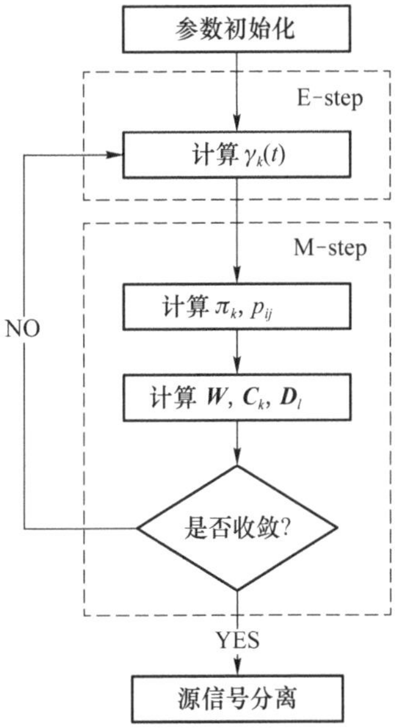

图 3-3 基于 AR-HMGP 模型的非平稳源信号盲分离算法流程图

3.4.4 参数初始化设置

EM 算法虽然具有很快的收敛速度,但同时也要注意,EM 算法很可能会收敛至局部最优点,因此,参数的初始化非常重要。本部分将给出一种参数初始化的方法。

分离矩阵$\boldsymbol{W}$初始化可采用 PCA 方法得到，这样得到的初始估计源信号是空间不相关的。观测信号的 VAR 模型系数矩阵初始化可通过著名的 Yule-Walker 方程组得到，即

$$\boldsymbol{D}_{\mathrm{YW}} = \left[\sum_{t=1}^{C}\boldsymbol{X}(t)\boldsymbol{X}_L^{\mathrm{T}}(t)\right]\left[\sum_{t=1}^{C}\boldsymbol{X}_L(t)\boldsymbol{X}_L^{\mathrm{T}}(t)\right]^{-1} \tag{3.44}$$

其中，$\boldsymbol{X}_L(t)=[x_1(t-1),\cdots,x_1(t-L),\cdots,x_N(t-1),\cdots,x_N(t-L)]^{\mathrm{T}}$，$\mathrm{diag}(\boldsymbol{D}_l)=[\boldsymbol{D}_{\mathrm{YW}}(n,(n-1)L+l)]_{n=1}^{N}$。矢量新息过程的协方差矩阵初始化为$\boldsymbol{\Lambda}_k=E[\boldsymbol{X}(1:C)\boldsymbol{X}^{\mathrm{T}}(1:C)]$。HMM 模型初始状态概率及转移概率矩阵初始化为$\pi_k=1/K$，$\boldsymbol{P}=\boldsymbol{1}/K$，$\boldsymbol{1}$是元素全为 1 的$K\times K$维矩阵。

关于 VAR 模型阶数L及 HMM 模型状态个数K的选择，有几点需要考虑。当状态个数$K=1$时，也就是说高斯非平稳新息过程退化为高斯过程，该情形下的 VAR 模型 BSS 问题可用二阶统计量的方法求解[49]，此时的盲分离方法仅利用了信号的谱分集。当 VAR 模型阶数$L=0$时，信号模型退化为高斯非平稳过程，此时盲分离方法仅利用信号的空间分集特性[44]。因此，在模型参数选择时应避免同时选择$K=1$，$L=0$。当选择$K\geqslant 2$，$L\geqslant 1$时，信号的空间分集和谱分集特性就同时得到了应用。虽然状态越多越能够准确描述信号的空间分集特性，但是基于 ML 准则的 BSS 算法通常在模型近似准确的情况下就已经能够达到很好的性能[50,51]。因此，关于状态个数的选择不必选得过多，经过多次的实验观察，选取$K\leqslant 5$即可。L值越大则越能够很好地描述信号的时间结构，这样 AR 模型就能描述具有复杂谱的信号。当$L=5$时，已经能够很好地描述信号的时间结构，因此建议 AR 模型阶数的选取范围为$1\leqslant L\leqslant 5$。

3.5 仿真结果与性能分析

本节对本章所提算法的性能进行仿真验证，算法的性能评价准则主要有两个方面：相似度(rho)和信干比(SIR)，计算式如式(2.26)和式(2.28)所示。

关于对比算法，我们选择了一种经典的基于去相关方法的 JADE[52]算法以及两种基于 ICA 理论的 FastICA[53]算法和 EASI[9]算法。FastICA 和 EASI 算法中的非线性函数均选择为立方函数。

实验 1：无噪条件下，本章所提算法的分离性能仿真。

本实验仿真了人为混合无噪条件下的语音信号盲分离，$N=2$。每次实验从 8 个语音信号中随机抽取两段(信号采样频率 8 kHz)作为源信号，每段 1 000 个采样点。图 3-4 给出了在 VAR 模型阶数选择为 3 时，不同 Markov 模型状态个数对

算法分离性能的影响。仿真结果显示当 Markov 模型状态个数为 2 时，本章所提出的算法已具有很好的性能，相较于经典算法有 10～34 dB 的增益。当状态个数增加到 4 之后，本章所提算法分离性能已无明显的提升。

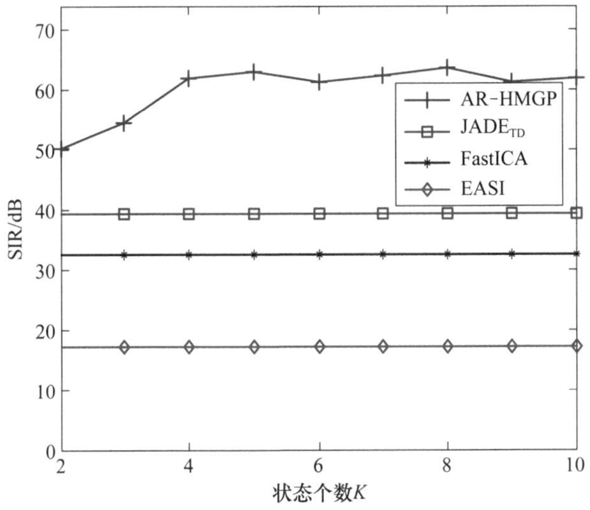

图 3-4　分离信号 SIR 随 Markov 模型状态个数的变化曲线

图 3-5 给出了在 Markov 状态个数为 4 时，不同 VAR 模型阶数对算法分离性能的影响。仿真结果显示当 VAR 模型阶数为 0 时，源信号模型退化为非平稳高斯过程，由于此时模型不能很好地描述源信号故分离效果比较差。

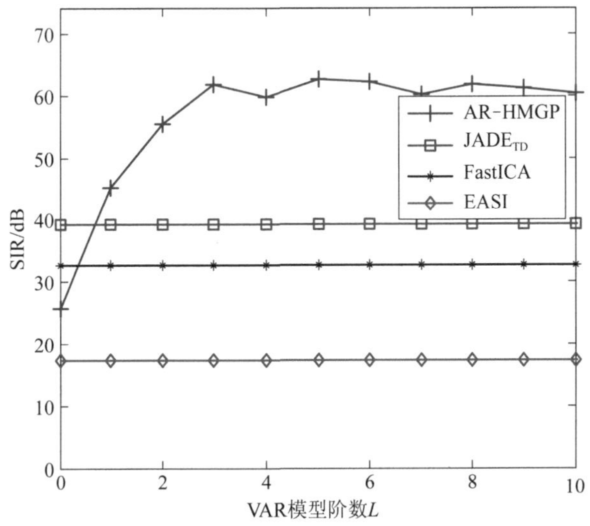

图 3-5　分离信号 SIR 随 VAR 模型阶数的变化曲线

当 VAR 模型阶数为 1 时，本章所提出的算法已具有很好的性能，本章算法相较于经典算法有 5～29 dB 的增益。当模型阶数增加到 3 之后，本章所提算法分离性能已无明显的提升。

实验 2：有噪声条件下，本章所提算法的分离性能仿真。

由于在实际应用环境中，传输信号不可避免地会遭受到噪声的损伤，因此在仿真中考虑了算法分离性能对加性高斯白噪声的敏感度，采用信噪比（SNR）对噪声大小进行度量，SNR 定义如下：

$$\mathrm{SNR}=\frac{1}{N}\sum_{n=1}^{N}10\log_{10}\frac{\mathrm{var}(x_n(t))}{\mathrm{var}(\omega_n(t))} \tag{3.45}$$

其中，$\omega_n(t)$表示第 n 路混合信号的噪声，var(•)表示求方差运算。

本实验考虑两路由 VAR 模型生成的源信号，其中 VAR 模型阶数为 3，VAR 模型系数矩阵分别为 $\boldsymbol{D}_1=\mathrm{diag}([0.7,0.2])$，$\boldsymbol{D}_2=\mathrm{diag}([-0.4,-0.5])$，$\boldsymbol{D}_3=\mathrm{diag}([-0.3,0.3])$；Markov 状态数为 4，初始状态概率向量 $\boldsymbol{\pi}=[0.25,0.25,0.25,0.25]$，新息过程四个状态下的协方差矩阵分别为 $\boldsymbol{\Lambda}_1=\mathrm{diag}([0.316\,2,0.547\,7])$，$\boldsymbol{\Lambda}_2=\mathrm{diag}([0.316\,2,0.836\,7])$，$\boldsymbol{\Lambda}_3=\mathrm{diag}([0.707\,1,0.547\,7])$，$\boldsymbol{\Lambda}_4=\mathrm{diag}([0.707\,1,0.836\,7])$，状态转移矩阵 $\boldsymbol{P}=\begin{bmatrix}5/8 & 1/8 & 1/8 & 1/8\\1/8 & 5/8 & 1/8 & 1/8\\1/8 & 1/8 & 5/8 & 1/8\\1/8 & 1/8 & 1/8 & 5/8\end{bmatrix}$。根据上述模型参数产生两路 1 000 个样本值的源信号，经过与上一实验中相同的混合矩阵，得到两路观测信号，同时给观测信号加入了均值为零的高斯白噪声。

图 3-6 给出了信噪比在 0～20 dB 范围变化时，各源信号相似度曲线随信噪比变化的曲线。由图中可以看出，本章所提出的基于 AR-HMGP 模型的盲分离算法相较于经典的分离算法 FastICA、JADE 和 EASI 具有更高的分离信号与源信号间的相似度，本章算法具有较高的噪声鲁棒性。在存在噪声时，系统模型可描述为

$$\begin{aligned}\boldsymbol{X}(t)&=\boldsymbol{AS}(t)+\boldsymbol{\omega}(t)\\&=\boldsymbol{A}[\boldsymbol{S}(t)+\boldsymbol{A}^{-1}\boldsymbol{\omega}(t)]\\&=\boldsymbol{A}\tilde{\boldsymbol{S}}(t)\end{aligned} \tag{3.46}$$

其中 $\tilde{\boldsymbol{S}}(t)=\boldsymbol{S}(t)+\boldsymbol{A}^{-1}\boldsymbol{\omega}(t)$可视为一组非独立源信号，而本章算法具有分离非独立源的能力，所以在低信噪比时本章算法仍具有很好的分离性能。

考虑不同信噪比对本章所提出的分离算法分离结果的 SIR 指标的影响，源信号的产生方式及参数配置同上一实验。如图 3-7 所示，本章所提算法即便是在信噪比很低的情况下仍具有很好的分离效果，且随着信噪比的增加，其分离信号的 SIR 逐渐增强。相较于经典的盲分离算法，本章所提算法具有 10～40 dB 的增益，

这主要是由于由本实验参数配置条件下生成的源信号具有很强的高斯性，且谱特性相近（即两个信号源的 AR 系数相近），致使经典的基于去相关及 ICA 理论的算法性能较差。

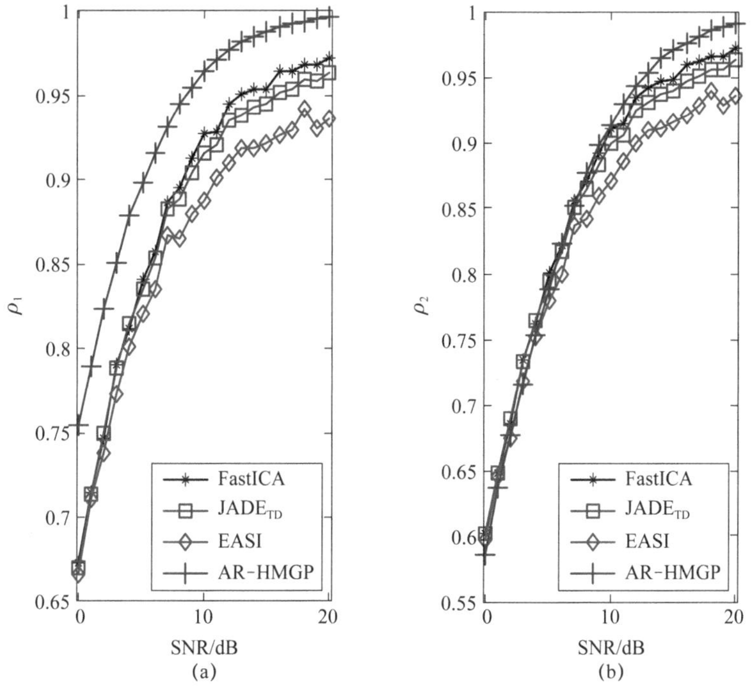

图 3-6　分离信号与源信号之间相似度随信噪比的变化曲线

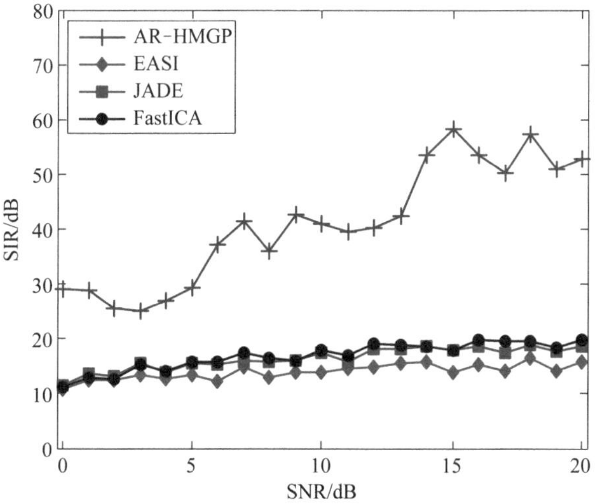

图 3-7　分离信号 SIR 随信噪比的变化曲线

考虑不同信号长度在有噪声条件下对本章所提出的分离算法分离结果的 SIR 指标的影响，源信号的生成参数设置采用 VAR-HMGP 模型，VAR 模型系数矩阵 $\boldsymbol{D}_1=\mathrm{diag}([0.7,0.1])$，$\boldsymbol{D}_2=\mathrm{diag}([-0.4,-0.3])$，$\boldsymbol{D}_3=\mathrm{diag}([-0.3,0.9])$，其余参数配置与图 3－7 仿真条件相同。图 3－8 给出了在 SNR＝14 dB时四种算法的分离性能。由于本实验中两源信号 AR 模型系数的差异性较大(即谱差异性大)，且源信号 2 具有较强的时间结构，所以在该情况下经典盲分离算法取得了较好的分离效果。四种算法在源信号长度增加时，分离性能都得到了提升。相较于经典盲分离算法，本章所提出的算法具有 5～19 dB 的分离信号 SIR 增益。在数据样本点少时，本算法性能优势更为突出。

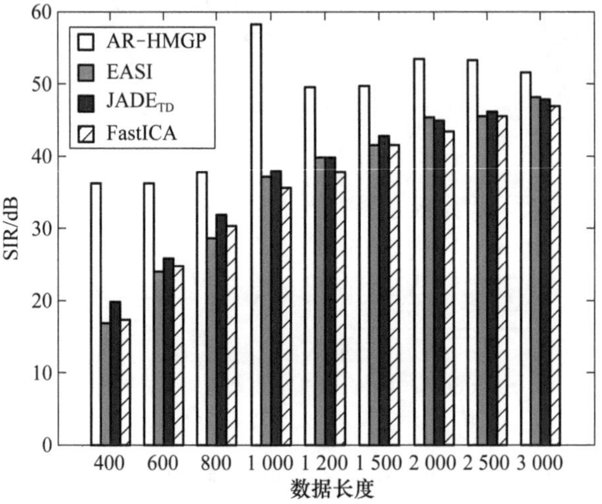

图 3－8　分离信号 SIR 随源信号样本长度的变化曲线

实验 3：非独立源信号混合条件下，本章所提算法的分离性能仿真。

本实验考虑了本章所提算法对非独立源信号的分离效果。源信号采用 VAR-HMGP 模型生成，新息过程四个状态下的协方差矩阵为 $\boldsymbol{\Lambda}_1=\begin{bmatrix}1 & 0.5\\0.5 & 1\end{bmatrix}$，$\boldsymbol{\Lambda}_2=\begin{bmatrix}3 & 1.5\\1.5 & 1\end{bmatrix}$，$\boldsymbol{\Lambda}_3=\begin{bmatrix}1 & 1.5\\1.5 & 4\end{bmatrix}$，$\boldsymbol{\Lambda}_4=\begin{bmatrix}3 & 3\\3 & 4\end{bmatrix}$，其余参数配置与图 3－8 仿真条件相同。表 3－1 给出了四种算法分别在 SNR＝10 dB、19 dB 和无噪情况下对非独立源信号分离的分离结果 SIR 值。由表 3－1 中数据可以看出，经典的盲分离算法对非独立源信号分离效果较差，且噪声对其分离效果影响较小；而本章所提算法对非独立源信号的分离性能较好，在 SNR＝10 dB 时相较于经典盲分离算法有 21 dB 左右的增益，且随着信噪比的增加本章算法分离性能越好。

表 3－1　混合非独立源信号的分离信号 SIR 值

单位:dB

类　别	EASI	FastICA	JADE	AR-HMGP
SNR＝10 dB	13.571 3	13.971 9	13.061 4	36.430 2
SNR＝19 dB	14.188 2	14.209 1	14.486 1	47.653 0
无噪	14.171 3	14.571 3	14.412 4	58.859 2

实验 4:针对实测信号,本章所提算法的分离性能仿真。

首先搭建一个两发两收的瞬时混合场景,其原理框图及实物图分别如图 3－9 和图 3－10 所示。两台矢量信号发生器分别产生两路源信号,两信号分别经分路器分出四路信号,并利用衰减器对其中两路信号做幅度衰减。然后用合路器对四路信号进行合路生成两路混合信号,最后利用数据采集卡采集数据并将数据送给 PC 处理分离出源信号。

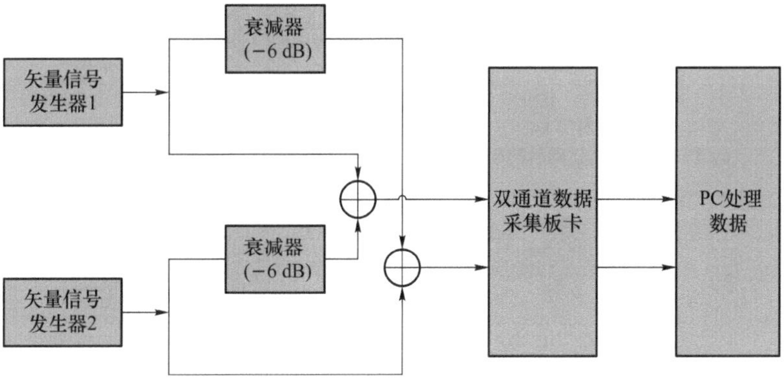

图 3－9　本章搭建的两发两收瞬时混合场景原理框图

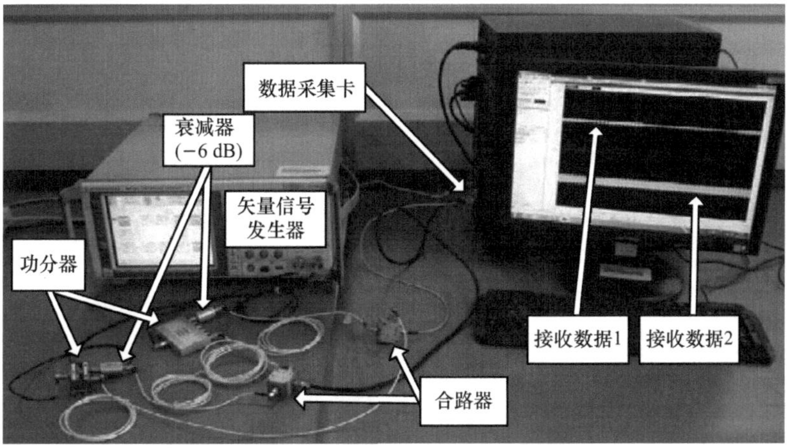

图 3－10　两发两收瞬时混合场景实物图

实验中选择两种典型的非平稳信号——单音信号和幅度调制信号，系统设置为矢量信号发生器 1 产生频率为 2 MHz 的单音信号，发射功率为 0 dBm；矢量信号发生器 2 产生幅度调制信号，字符集为{±1，±3，±5}，符号速率为 40 ksps，中心频率为 2 MHz，发射功率为－10 dBm；两个衰减器衰减值大小均为－6 dB；数据采集卡工作频率为 40 MHz。图 3－11 给出了不同算法的分离结果，从图中可以看出本章算法所分离出的信号其串音干扰要小于其他几种算法。

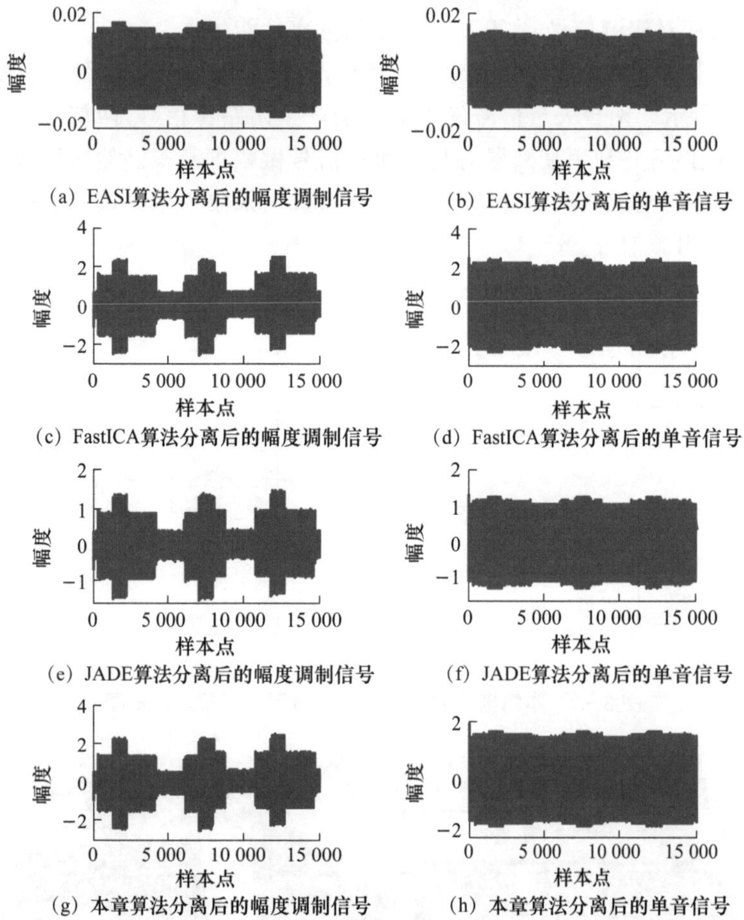

(a) EASI算法分离后的幅度调制信号　(b) EASI算法分离后的单音信号

(c) FastICA算法分离后的幅度调制信号　(d) FastICA算法分离后的单音信号

(e) JADE算法分离后的幅度调制信号　(f) JADE算法分离后的单音信号

(g) 本章算法分离后的幅度调制信号　(h) 本章算法分离后的单音信号

图 3－11　瞬时混合系统中不同算法的分离结果

3.6　本章小结

本章提出了一种有效利用信号时间-空间结构特性的盲分离算法，该算法基于最大似然准则并利用 EM 算法获得了很好的性能，能够分离非独立和谱重叠的非平稳源信号的混合，相较于经典的盲分离算法具有很高的分离增益。本章利用 VAR-HMGP 模型对源信号的时间-空间结构进行了有效描述，用 AR 结构描述信号的时间结构，用 HMGP 描述新息过程的空间结构，并在算法中同时考虑了这两种因素，由此获得了较好的性能，而经典的盲分离算法仅考虑其中一个因素，因此分离性能较差。

第 4 章

基于源信号广义自相关特性的复值信号盲分离

4.1 引　言

由于中频数字信号处理复杂度较高，另一种常见的信号处理方式为基带复值信号处理。本章针对复值信号的盲源分离展开研究。

在已发表的盲源分离相关文献中，大部分的盲源分离算法都利用了源信号的非高斯性、稀疏性或几何有界特性等先验信息估计源信号。尽管这些方法已成功应用于许多领域，但是仍需注意的是这些算法的分离精度和收敛速度已基本达到饱和，很难再有进一步的性能提升。因此，需要考虑能否利用信号的其他先验特性给盲分离算法带来性能提升，比如线性预测性、线性自相关特性或者时间可预测性等。

从实际信号的观点来看，信号通常都具有时间相关性，即信号相邻样本点间是有依赖关系的而非完全随机的。如果能利用好信号的这一特征，则很有可能会给盲源分离算法带来性能提升，这是一个非常值得关注的研究话题。已有研究人员发表了一些基于该思路的研究成果，文献[54]利用自回归模型描述信号的时间结构，并结合自回归模型参数估计和矩阵联合对角化技术实现了盲源分离；文献[19]提出了一种 AR-MOG 模型描述源信号的时间结构，其中时间结构用自回归模型描述，但是自回归过程的新息过程概率分布不是高斯的，而是采用高斯混合模型描述的，通过这种方式，源信号的时间结构和概率空间结构都得到了有效利用；文献[55]和[56]基于观测信号的广义自相关(线性的或者非线性的自相关)构造了一组代价函数用于优化估计分离矩阵，第 3 章的研究成果也很好地印证了这一结论。尽管以上的方法能够实现盲源分离并且获得了较好的性能，但是它们研究的都是实值信号的盲分离。目前，仅有少量公开发表的文献利用复值信号的时间结构，通过联合对角化一组观测信号的延时自相关矩阵实现复值信号的盲源分离。然而，这些算法与采用信号独立性或者其他方法所获得的性能相似。

在本章中，首先提出一种基于源信号广义自相关的复值信号盲源分离算法，简称 CGA。该算法构造了一组基于广义自相关的对比函数，并通过利用自然梯度学习方法对其优化估计出分离矩阵，进而实现源信号的分离。同时，给出了该算法的稳定性条件证明。但是，该方法仅利用了信号的广义自相关特性，即信号的时间结构特征，而信号的统计特性并没有得到充分考虑。所以，算法的分离性能还有进一步提升的可能。据此，本章又提出了一种基于一阶复自回归模型的广义自相关复值信号盲源分离算法，简称 CARGA。在该算法中，一阶复自回归模型用于描述复值源信号的时间结构，再采用类似文献[19]中的方式充分考虑源信号的时间结构和统计信息。基于此考虑，我们构造了一个对比函数，该对比函数将信号的广义自相关和源信号一阶复自回归模型中新息过程的统计量信息有效地结合，获得了更好的分离性能。

4.2 问题描述

假设有 N 个相互独立的源信号和 M 个接收传感器，源信号经线性混合后接收传感器得到的观测信号为

$$\boldsymbol{x}(t)=\boldsymbol{A}\boldsymbol{s}(t) \tag{4.1}$$

其中，$\boldsymbol{s}(t)=[s_1(t),s_2(t),\cdots,s_N(t)]^{\mathrm{T}}$ 是具有零均值且方差为 1 的未知的源信号矢量；$\boldsymbol{x}(t)=[x_1(t),x_2(t),\cdots,x_M(t)]^{\mathrm{T}}$ 是观测信号矢量；$\boldsymbol{A}$ 是大小为 $M\times N$ 的未知的混合矩阵。此外，假设各源信号都具有一定的时间结构，即同一源信号样本点之间是相关的，具有线性或非线性的自相关特性。

一般来说，在执行盲源分离算法之前需要对观测信号进行预处理。预处理运算主要包含两个方面：一是去均值，使各观测信号的平均值为零；二是白化，使各观测信号空间不相关且方差为 1，同时完成对观测信号的降维处理使源信号和观测信号的个数相等。第一步去均值处理较为容易实现，观测信号的白化通常采用主成分分析实现。白化矩阵 $\boldsymbol{Q}$ 可通过下述方法获得。

对观测信号的协方差矩阵 $\boldsymbol{R}_x=E[\boldsymbol{x}(t)\boldsymbol{x}(t)^{\mathrm{H}}]$ 进行特征值分解，得到 M 个由大到小依次排列的特征值 γ_m 以及与其对应的特征向量 $\boldsymbol{v}_m$，$m=1,2,\cdots,M$。白化矩阵 $\boldsymbol{Q}$ 的计算表达式为

$$\boldsymbol{Q}=\begin{bmatrix}(\gamma_1-\hat{\sigma}^2)\boldsymbol{v}_1^{\mathrm{H}}\\(\gamma_2-\hat{\sigma}^2)\boldsymbol{v}_2^{\mathrm{H}}\\\vdots\\(\gamma_N-\hat{\sigma}^2)\boldsymbol{v}_N^{\mathrm{H}}\end{bmatrix} \tag{4.2}$$

其中，$\hat{\sigma}^2=\dfrac{1}{M-N}\sum\limits_{m=N+1}^{M}\gamma_m$。

观测信号被白化后的信号为

$$\boldsymbol{z}(t)=\boldsymbol{Q}\boldsymbol{x}(t) \tag{4.3}$$

这时，白化信号的协方差矩阵为 $\boldsymbol{R}_z=E[\boldsymbol{z}(t)\boldsymbol{z}(t)^{\mathrm{H}}]=\boldsymbol{QAR}_s(\boldsymbol{QA})^{\mathrm{H}}$。由于 $\boldsymbol{R}_s=\boldsymbol{I}$，$\boldsymbol{R}_z=\boldsymbol{I}$，所以 $\boldsymbol{QA}$ 是正交矩阵，这样同时也给分离矩阵 $\boldsymbol{W}$ 增加了正交性限制。源信号可通过式(4.4)估计得到：

$$\boldsymbol{y}(t)=\boldsymbol{W}\boldsymbol{z}(t) \tag{4.4}$$

其中，$\boldsymbol{y}(t)=[y_1(t),y_2(t),\cdots,y_N(t)]^{\mathrm{T}}$ 为源信号 $\boldsymbol{s}(t)$的估计。

4.3 基于复广义自相关的盲分离算法

4.3.1 算法描述

本小节首先证明任意非线性对比函数极值点存在的条件。对信号的广义自相关估计是通过一组选定的函数计算得到的，并且该函数可以自由选取。式(4.5)给出了基于复广义自相关的对比函数：

$$J_0(\boldsymbol{w}_n)=E[G(|\boldsymbol{w}_n^{\mathrm{H}}\boldsymbol{z}(t)|^2)G(|\boldsymbol{w}_n^{\mathrm{H}}\boldsymbol{z}(t-\tau)|^2)] \tag{4.5}$$

其中 $G:\mathbf{R}_{1\times1}\rightarrow\mathbf{R}_{1\times1}$是可微函数，用于测量源信号的广义自相关程度；$\boldsymbol{w}_n^{\mathrm{H}}$ 是分离矩阵 $\boldsymbol{W}$ 的第 n 行向量，且 $\|\boldsymbol{w}_n\|=1$；τ 是时间延时。只要对比函数是实值函数，那么计算对比函数的极值就是一个非常明确的问题。所以，对比函数式(4.5)中对估计信号加了求模运算，而不是将复值的估计信号直接加入广义自相关计算。这里给出可微函数 G 的三个例子：$G_1(u)=u$，$G_2(u)=u^2$ 和 $G_3(u)=\log[\cosh(u)]$。为表述简便，在不影响理解的情况下，下文中省去时间变量 t，比如 $\boldsymbol{z}(t)=\boldsymbol{z}$，$\boldsymbol{z}(t-\tau)=\boldsymbol{z}_\tau$。

以下定理给出了式(4.5)的局部极值稳定性条件。

定理 假设输入数据服从模型式(4.1)，观测信号经式(4.3)完成预白化。进一步假设$\{s_n,s_{n\tau}\}$和$\{s_l,s_{l\tau}\}$相互独立，且 $E[|s_n|^2]=1$，$E[s_n^2]=0$。这时，代价函数 $J_0(\boldsymbol{w}_n)$在限制 $\|\boldsymbol{w}_n\|=1$ 条件下取得局部极大值或极小值时对应的源信号需满足如下条件：

$$E[\alpha_3-\alpha_1+2\mathrm{Re}\{s_ns_{n\tau}s_1^*s_{1\tau}^*+s_ns_{n\tau}^*s_1^*s_{1\tau}\}g(|s_1|^2)g(|s_{1\tau}|^2)]<0 \tag{4.6}$$

其中

$$\alpha_1=E[|s_1|^2g(|s_1|^2)G(|s_{1\tau}|^2)+|s_{1\tau}|^2G(|s_1|^2)g(|s_{1\tau}|^2)] \tag{4.7}$$

$$\begin{aligned}\alpha_3=E[&g(|s_1|^2)G(|s_{1\tau}|^2)+G(|s_1|^2)g(|s_{1\tau}|^2)+\\&|s_1|^2g'(|s_1|^2)G(|s_{1\tau}|^2)+|s_{1\tau}|^2G(|s_1|^2)g'(|s_{1\tau}|^2)]\end{aligned} \tag{4.8}$$

证明 首先假设估计出的分离-正交-混合矩阵的某一行向量为 $\boldsymbol{q}^{\mathrm{H}}=\boldsymbol{w}^{\mathrm{H}}\boldsymbol{Q}\boldsymbol{A}$，进而得到相应的对比函数为 $J(\boldsymbol{q})=E[G(|\boldsymbol{q}^{\mathrm{H}}\boldsymbol{s}|^2)G(|\boldsymbol{q}^{\mathrm{H}}\boldsymbol{s}_\tau|^2)]$。由于对比函数 $J(\boldsymbol{q})$在一般情况下是不可解析求解的，故下一步通过对比函数 $J(\boldsymbol{q})$的泰勒级数展开式搜索极值点。$J(\boldsymbol{q})$关于向量 $\boldsymbol{q}$ 的梯度为

$$\nabla J(\boldsymbol{q})=\begin{pmatrix}\frac{\partial}{\partial q_{1r}}\\ \frac{\partial}{\partial q_{1i}}\\ \vdots\\ \frac{\partial}{\partial q_{Nr}}\\ \frac{\partial}{\partial q_{Ni}}\end{pmatrix}J(\boldsymbol{q})=2\begin{pmatrix}E\left[\mathrm{Re}\left\{\begin{array}{l}s_1\ (\boldsymbol{q}^{\mathrm{H}}\boldsymbol{s})^*g(|\boldsymbol{q}^{\mathrm{H}}\boldsymbol{s}|^2)G(|\boldsymbol{q}^{\mathrm{H}}\boldsymbol{s}_\tau|^2)+\\ s_{1\tau}(\boldsymbol{q}^{\mathrm{H}}\boldsymbol{s}_\tau)^*G(|\boldsymbol{q}^{\mathrm{H}}\boldsymbol{s}|^2)g(|\boldsymbol{q}^{\mathrm{H}}\boldsymbol{s}_\tau|^2)\end{array}\right\}\right]\\ E\left[\mathrm{Im}\left\{\begin{array}{l}s_1\ (\boldsymbol{q}^{\mathrm{H}}\boldsymbol{s})^*g(|\boldsymbol{q}^{\mathrm{H}}\boldsymbol{s}|^2)G(|\boldsymbol{q}^{\mathrm{H}}\boldsymbol{s}_\tau|^2)+\\ s_{1\tau}(\boldsymbol{q}^{\mathrm{H}}\boldsymbol{s}_\tau)^*G(|\boldsymbol{q}^{\mathrm{H}}\boldsymbol{s}|^2)g(|\boldsymbol{q}^{\mathrm{H}}\boldsymbol{s}_\tau|^2)\end{array}\right\}\right]\\ \vdots\\ E\left[\mathrm{Re}\left\{\begin{array}{l}s_N\ (\boldsymbol{q}^{\mathrm{H}}\boldsymbol{s})^*g(|\boldsymbol{q}^{\mathrm{H}}\boldsymbol{s}|^2)G(|\boldsymbol{q}^{\mathrm{H}}\boldsymbol{s}_\tau|^2)+\\ s_{N\tau}(\boldsymbol{q}^{\mathrm{H}}\boldsymbol{s}_\tau)^*G(|\boldsymbol{q}^{\mathrm{H}}\boldsymbol{s}|^2)g(|\boldsymbol{q}^{\mathrm{H}}\boldsymbol{s}_\tau|^2)\end{array}\right\}\right]\\ E\left[\mathrm{Im}\left\{\begin{array}{l}s_N\ (\boldsymbol{q}^{\mathrm{H}}\boldsymbol{s})^*g(|\boldsymbol{q}^{\mathrm{H}}\boldsymbol{s}|^2)G(|\boldsymbol{q}^{\mathrm{H}}\boldsymbol{s}_\tau|^2)+\\ s_{N\tau}(\boldsymbol{q}^{\mathrm{H}}\boldsymbol{s}_\tau)^*G(|\boldsymbol{q}^{\mathrm{H}}\boldsymbol{s}|^2)g(|\boldsymbol{q}^{\mathrm{H}}\boldsymbol{s}_\tau|^2)\end{array}\right\}\right]\end{pmatrix}\tag{4.9}$$

其中，$q_j=q_{jr}+\mathrm{i}q_{ji}$。函数 $J(\boldsymbol{q})$的 Hessian 矩阵就变成了大小为 $2N\times2N$ 的实数矩阵。定义

$$J_{Rn}=E[\mathrm{Re}\{s_1\ (\boldsymbol{q}^{\mathrm{H}}\boldsymbol{s})^*g(|\boldsymbol{q}^{\mathrm{H}}\boldsymbol{s}|^2)G(|\boldsymbol{q}^{\mathrm{H}}\boldsymbol{s}_\tau|^2)+s_{1\tau}(\boldsymbol{q}^{\mathrm{H}}\boldsymbol{s}_\tau)^*G(|\boldsymbol{q}^{\mathrm{H}}\boldsymbol{s}|^2)g(|\boldsymbol{q}^{\mathrm{H}}\boldsymbol{s}_\tau|^2)\}]\tag{4.10}$$

$$J_{In}=E[\mathrm{Im}\{s_1\ (\boldsymbol{q}^{\mathrm{H}}\boldsymbol{s})^*g(|\boldsymbol{q}^{\mathrm{H}}\boldsymbol{s}|^2)G(|\boldsymbol{q}^{\mathrm{H}}\boldsymbol{s}_\tau|^2)+s_{1\tau}(\boldsymbol{q}^{\mathrm{H}}\boldsymbol{s}_\tau)^*G(|\boldsymbol{q}^{\mathrm{H}}\boldsymbol{s}|^2)g(|\boldsymbol{q}^{\mathrm{H}}\boldsymbol{s}_\tau|^2)\}]\tag{4.11}$$

因此，函数 $J(\boldsymbol{q})$的 Hessian 矩阵表达式为

$$\nabla^2J(\boldsymbol{q})=\begin{pmatrix}\frac{\partial J_{R1}}{\partial q_{1r}} & \frac{\partial J_{R1}}{\partial q_{1i}} & \cdots & \frac{\partial J_{R1}}{\partial q_{Nr}} & \frac{\partial J_{R1}}{\partial q_{Ni}}\\ \frac{\partial J_{I1}}{\partial q_{1r}} & \frac{\partial J_{I1}}{\partial q_{1i}} & \cdots & \frac{\partial J_{I1}}{\partial q_{Nr}} & \frac{\partial J_{I1}}{\partial q_{Ni}}\\ \vdots & \vdots & & \vdots & \vdots\\ \frac{\partial J_{RN}}{\partial q_{1r}} & \frac{\partial J_{RN}}{\partial q_{1i}} & \cdots & \frac{\partial J_{RN}}{\partial q_{Nr}} & \frac{\partial J_{RN}}{\partial q_{Ni}}\\ \frac{\partial J_{IN}}{\partial q_{1r}} & \frac{\partial J_{IN}}{\partial q_{1i}} & \cdots & \frac{\partial J_{IN}}{\partial q_{Nr}} & \frac{\partial J_{IN}}{\partial q_{Ni}}\end{pmatrix}\tag{4.12}$$

不失一般性，假设对源信号 s_1 估计的最佳解在 $\boldsymbol{q}_1=q\boldsymbol{e}_1=[q,0,\cdots,0]^{\mathrm{T}}$ 处取得，其中 $q=q_r+\mathrm{i}q_i$ 且 $|\boldsymbol{q}^{\mathrm{H}}\boldsymbol{s}|^2=|s_1|^2$。

然后，计算对比函数 $J(\boldsymbol{q})$在最优解 $\boldsymbol{q}_1$ 处的泰勒级数展开式。计算式(4.9)在点 $\boldsymbol{q}_1=q\boldsymbol{e}_1$ 处的表达式为

$$\nabla J(\boldsymbol{q}_1)=2\begin{pmatrix}q_rE[|s_1|^2g(|s_1|^2)G(|s_{1\tau}|^2)+|s_{1\tau}|^2G(|s_1|^2)g(|s_{1\tau}|^2)]\\ q_iE[|s_1|^2g(|s_1|^2)G(|s_{1\tau}|^2)+|s_{1\tau}|^2G(|s_1|^2)g(|s_{1\tau}|^2)]\\ 0\\ \vdots\\ 0\end{pmatrix}\tag{4.13}$$

在 $\boldsymbol{q}_1=q\boldsymbol{e}_1$ 处，$J(\boldsymbol{q})$ 的 Hessian 矩阵为

$$\nabla^2 J(\boldsymbol{q}_1)=\begin{pmatrix} \alpha_1+q_r^2\alpha_2 & q_rq_i\alpha_2 & 0 & 0 & 0 & 0 & 0 \\ q_rq_i\alpha_2 & \alpha_1+q_i^2\alpha_2 & 0 & 0 & 0 & 0 & 0 \\ 0 & 0 & \alpha_3+\beta_1 & 0 & 0 & 0 & 0 \\ 0 & 0 & 0 & \alpha_3+\beta_2 & 0 & 0 & 0 \\ 0 & 0 & 0 & 0 & \ddots & \vdots & \vdots \\ 0 & 0 & 0 & 0 & \cdots & \alpha_3+\beta_1 & 0 \\ 0 & 0 & 0 & 0 & \cdots & 0 & \alpha_3+\beta_2 \end{pmatrix} \tag{4.14}$$

其中

$$\alpha_1=E[|s_1|^2g(|s_1|^2)G(|s_{1\tau}|^2)+|s_{1\tau}|^2G(|s_1|^2)g(|s_{1\tau}|^2)] \tag{4.15}$$

$$\begin{aligned}\alpha_2=2E[&|s_1|^4g'(|s_1|^2)G(|s_{1\tau}|^2)+2|s_1|^2|s_{1\tau}|^2g(|s_1|^2)g(|s_{1\tau}|^2)+\\ &|s_{1\tau}|^4G(|s_1|^2)g'(|s_{1\tau}|^2)]\end{aligned} \tag{4.16}$$

$$\begin{aligned}\alpha_3=E[&g(|s_1|^2)G(|s_{1\tau}|^2)+G(|s_1|^2)g(|s_{1\tau}|^2)+\\ &|s_1|^2g'(|s_1|^2)G(|s_{1\tau}|^2)+|s_{1\tau}|^2G(|s_1|^2)g'(|s_{1\tau}|^2)]\end{aligned} \tag{4.17}$$

$$\beta_1=2E[\mathrm{Re}\{s_ns_{n\tau}s_1^*s_{1\tau}^*+s_ns_{n\tau}^*s_1^*s_{1\tau}\}g(|s_1|^2)g(|s_{1\tau}|^2)] \tag{4.18}$$

$$\beta_2=2E[\mathrm{Re}\{s_ns_{n\tau}^*s_1^*s_{1\tau}-s_ns_{n\tau}s_1^*s_{1\tau}^*\}g(|s_1|^2)g(|s_{1\tau}|^2)] \tag{4.19}$$

在 $\boldsymbol{q}_1$ 点加入一个非常小的扰动 $\boldsymbol{\varepsilon}=[\varepsilon_{1r},\varepsilon_{1i},\cdots,\varepsilon_{Nr},\varepsilon_{Ni}]^{\mathrm{T}}$，其中 ε_{nr} 和 ε_{ni} 是 $\varepsilon_n\in\mathbf{C}$ 的实部和虚部。$J(\boldsymbol{q}_1+\boldsymbol{\varepsilon})$ 在 $\boldsymbol{q}_1$ 处的泰勒级数展开式为

$$\begin{aligned}J(\boldsymbol{q}_1+\boldsymbol{\varepsilon})&=J(\boldsymbol{q}_1)+\boldsymbol{\varepsilon}^{\mathrm{T}}\nabla J(\boldsymbol{q}_1)+\boldsymbol{\varepsilon}^{\mathrm{T}}\nabla^2J(\boldsymbol{q}_1)\boldsymbol{\varepsilon}+o(\|\boldsymbol{\varepsilon}\|^2)\\ &=J(\boldsymbol{q}_1)+2(\varepsilon_{1r}q_r+\varepsilon_{1i}q_i)E[\alpha_1]+(\varepsilon_{1r}^2+\varepsilon_{1i}^2)E[\alpha_1]+(\varepsilon_{1r}q_r+\varepsilon_{1i}q_i)^2E[\alpha_2]+\\ &\quad\sum_{n=2}^{N}2(\varepsilon_{nr}^2+\varepsilon_{ni}^2)E[\mathrm{Re}\{s_ns_{n\tau}^*s_1^*s_{1\tau}\}g(|s_1|^2)g(|s_{1\tau}|^2)]+\\ &\quad\sum_{n=2}^{N}2(\varepsilon_{nr}^2-\varepsilon_{ni}^2)E[\mathrm{Re}\{s_ns_{n\tau}s_1^*s_{1\tau}^*\}g(|s_1|^2)g(|s_{1\tau}|^2)]+o(\|\boldsymbol{\varepsilon}\|^2)\end{aligned} \tag{4.20}$$

考虑到正交限制 $\|\boldsymbol{w}_i\|=1$，所以 $\|\boldsymbol{q}_1+\boldsymbol{\varepsilon}\|=1$，进一步得到

$$2(\varepsilon_{1r}q_r+\varepsilon_{1i}q_i)=-\sum_{n=1}^{N}(\varepsilon_{nr}^2+\varepsilon_{ni}^2) \tag{4.21}$$

将式(4.21)代入式(4.20)，得到

$$\begin{aligned}J(\boldsymbol{q}_1+\boldsymbol{\varepsilon})=J(\boldsymbol{q}_1)+&\sum_{n=2}^{N}(\varepsilon_{nr}^2+\varepsilon_{ni}^2)E[\alpha_3-\alpha_1+2\mathrm{Re}\{s_ns_{n\tau}^*s_1^*s_{1\tau}\}g(|s_1|^2)g(|s_{1\tau}|^2)]+\\ &\sum_{n=2}^{N}2(\varepsilon_{nr}^2-\varepsilon_{ni}^2)E[\mathrm{Re}\{s_ns_{n\tau}s_1^*s_{1\tau}^*\}g(|s_1|^2)g(|s_{1\tau}|^2)]+o(\|\boldsymbol{\varepsilon}\|^2)\end{aligned} \tag{4.22}$$

由于 $|\varepsilon_{nr}^2+\varepsilon_{ni}^2|>|\varepsilon_{nr}^2-\varepsilon_{ni}^2|$，式(4.22)比式(4.24)更接近式(4.23)，也就是说，如果 $J(\boldsymbol{q}_1)$ 是极值点，式(4.22)比式(4.24)更接近此极值点。

$$J_1(\boldsymbol{q}_1+\boldsymbol{\varepsilon})=J(\boldsymbol{q}_1)+\sum_{n=2}^{N}(\varepsilon_{nr}^2+\varepsilon_{ni}^2)E[\alpha_3-\alpha_1+2\mathrm{Re}\{s_n s_{n\tau}^* s_1^* s_{1\tau}\}g(|s_1|^2)g(|s_{1\tau}|^2)]+o(\|\boldsymbol{\varepsilon}\|^2) \tag{4.23}$$

$$J_2(\boldsymbol{q}_1+\boldsymbol{\varepsilon})=J(\boldsymbol{q}_1)+\sum_{n=2}^{N}(\varepsilon_{nr}^2+\varepsilon_{ni}^2)E[\alpha_3-\alpha_1+\beta_1]+o(\|\boldsymbol{\varepsilon}\|^2) \tag{4.24}$$

显然，$\boldsymbol{q}_1$ 是式(4.24)的一个极值点，在此处取极大值(极小值)的条件是

$$E[\alpha_3-\alpha_1+2\mathrm{Re}\{s_n s_{n\tau} s_1^* s_{1\tau}^*+s_n s_{n\tau}^* s_1^* s_{1\tau}\}g(|s_1|^2)g(|s_{1\tau}|^2)]<0 \tag{4.25}$$

根据上述分析，$\boldsymbol{q}_1$ 也是式(4.22)的一个极值点，并且在满足条件式(4.25)时，$J(\boldsymbol{q}_1)$ 取极大值(极小值)。

证毕。

下面给出基于共轭梯度学习的分离算法的具体推导过程。

式(4.5)给出的优化问题可采用拉格朗日乘子法求解，拉格朗日函数可写为

$$J(\boldsymbol{w}_n)=J_0(\boldsymbol{w}_n)+\lambda(\|\boldsymbol{w}_n\|^2-1) \tag{4.26}$$

其中，$\lambda\in\mathbf{R}$ 是拉格朗日乘子。函数 J 关于向量 $\boldsymbol{w}_n$ 的共轭梯度为

$$\frac{\partial J(\boldsymbol{w}_n)}{\partial \boldsymbol{w}_n^*}=\frac{\partial J_0(\boldsymbol{w}_n)}{\partial \boldsymbol{w}_n^*}+\lambda\boldsymbol{w}_n \tag{4.27}$$

$$\frac{\partial J_0(\boldsymbol{w}_n)}{\partial \boldsymbol{w}_n^*}=E[g(|\boldsymbol{w}_n^{\mathrm{H}}\boldsymbol{z}|^2)G(|\boldsymbol{w}_n^{\mathrm{H}}\boldsymbol{z}_\tau|^2)\boldsymbol{w}_n^{\mathrm{T}}\boldsymbol{z}^*\boldsymbol{z}+G(|\boldsymbol{w}_n^{\mathrm{H}}\boldsymbol{z}|^2)g(|\boldsymbol{w}_n^{\mathrm{H}}\boldsymbol{z}_\tau|^2)\boldsymbol{w}_n^{\mathrm{T}}\boldsymbol{z}_\tau^*\boldsymbol{z}_\tau] \tag{4.28}$$

$\boldsymbol{z}^*$ 定义为 $\boldsymbol{z}$ 的复共轭。向量 $\boldsymbol{w}_n$ 基于共轭梯度学习的更新规则可描述为

$$\begin{cases}\boldsymbol{w}_n=\boldsymbol{w}_n-\mu\left[\dfrac{\partial J_0(\boldsymbol{w}_n)}{\partial \boldsymbol{w}_n^*}-\mathrm{Re}\left\{\boldsymbol{w}_n^{\mathrm{H}}\dfrac{\partial J_0(\boldsymbol{w}_n)}{\partial \boldsymbol{w}_n^*}\right\}\boldsymbol{w}_n\right]\\ \boldsymbol{w}_n=\dfrac{\boldsymbol{w}_n}{\|\boldsymbol{w}_n\|}\end{cases} \tag{4.29}$$

其中，$\mu>0$ 是步长因子。

一般来说，相对梯度学习方法的收敛速度要低于自然梯度学习方法的收敛速度。为加快算法的收敛速度，分离矩阵 $\boldsymbol{W}$ 基于自然梯度学习的更新规则可描述为

$$\begin{cases}\boldsymbol{W}=\boldsymbol{W}-\mu\dfrac{\partial J(\boldsymbol{W})}{\partial \boldsymbol{W}}\boldsymbol{W}^{\mathrm{H}}\boldsymbol{W}\\ \boldsymbol{W}=\boldsymbol{W}(\boldsymbol{W}^{\mathrm{H}}\boldsymbol{W})^{-\frac{1}{2}}\end{cases} \tag{4.30}$$

4.3.2 仿真分析

本小节对所提算法的性能进行仿真验证，并与三种复 ICA 算法——cFastICA

算法[57]、EBM 算法[58]和 EASI[59]算法的性能进行对比。cFastICA 算法和 EASI 算法是两种经典的盲分离算法，但由于 cFastICA 算法是基于牛顿学习的算法，因此其收敛速度要优于基于相对梯度学习的 EASI 算法。EBM 算法是一种基于熵率界最小化的算法，采用基于共轭梯度学习的方法估计分离矩阵。

为验证本节所提算法的可行性，图 4－1 给出了本节算法采用函数 $G_1(u)=u$ 分离相位调制信号的星座图。相位调制方式为 8PSK，具体的调制参数如下：符号速率 $R_s=198$ ksps；采用根升余弦滚降滤波，滚降因子为 0.5；采样速率为 $16R_s$。随机生成的复值混合矩阵为

$$\boldsymbol{A}=\begin{bmatrix}0.5559-0.4087\mathrm{i} & -0.8623+0.0475\mathrm{i}\\ -0.8571-1.1729\mathrm{i} & 1.0418+0.9968\mathrm{i}\end{bmatrix} \tag{4.31}$$

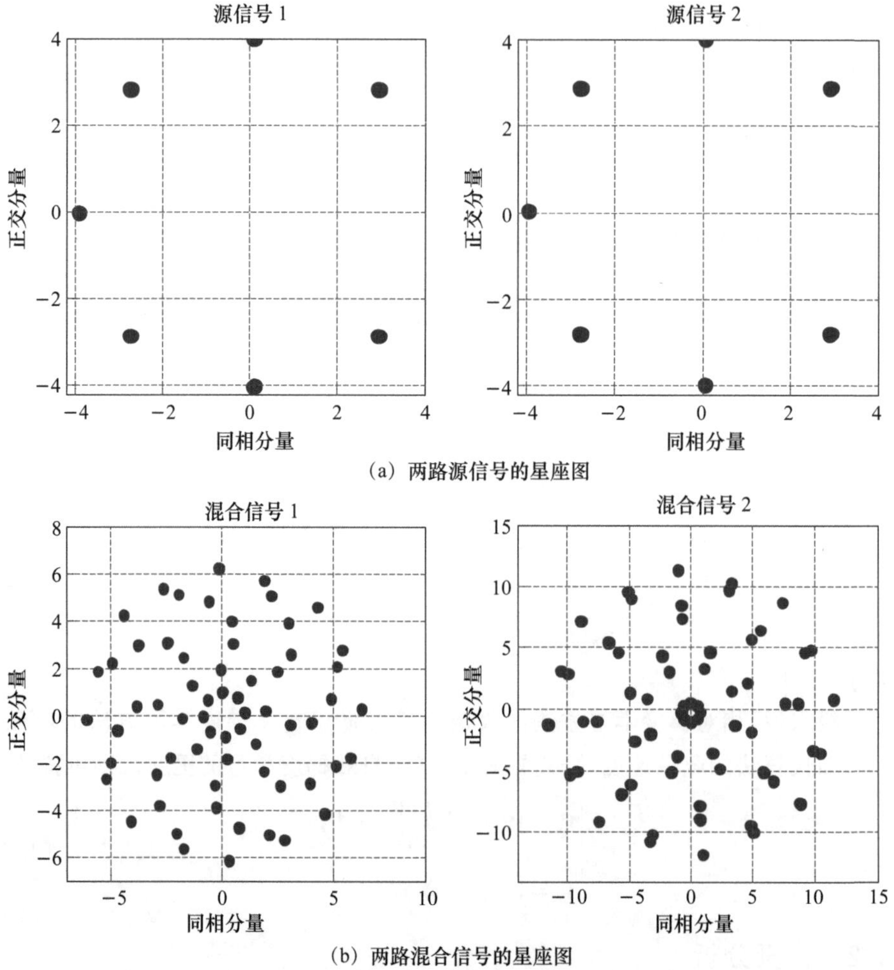

(a) 两路源信号的星座图

(b) 两路混合信号的星座图

图 4－1 两路 8PSK 通信信号混合的分离效果图（时间延时 $\tau=1$）

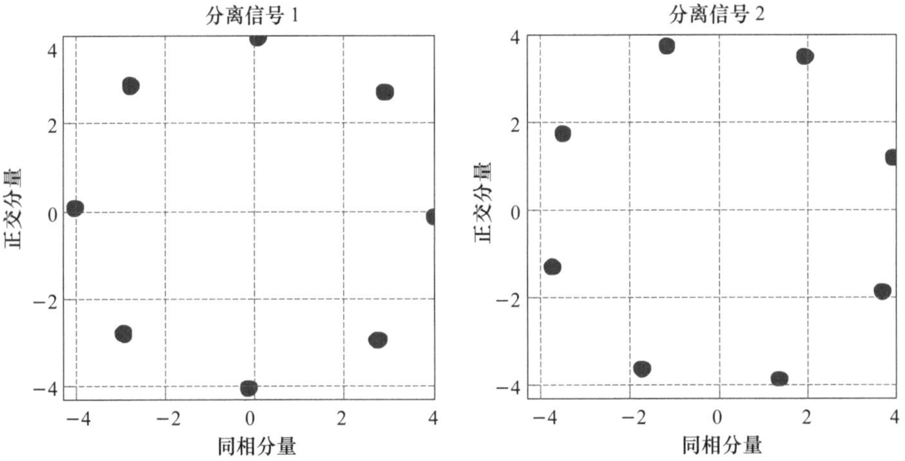

(c) 两路估计信号的星座图

图 4-1　两路 8PSK 通信信号混合的分离效果图(时间延时 $\tau=1$)(续)

从图 4-1 中可以看出，该算法有效地将混合的通信信号分离。但是它也存在和其他复值信号盲源分离算法同样的问题，即存在分离不确定性，包括幅度不确定性、顺序不确定性和相位不确定性。算法估计出的分离-白化-混合矩阵为

$$\boldsymbol{U}=\begin{bmatrix} -0.0012-0.0050\mathrm{i} & 0.7640-0.6459\mathrm{i} \\ 0.5893+0.8082\mathrm{i} & -0.0092-0.0167\mathrm{i} \end{bmatrix} \tag{4.32}$$

为研究时间延时 τ 对本章所提出的 CGA 算法分离性能的影响，此部分仿真首先计算了不同时间延时条件下源信号的自相关 $\xi(\tau)=E[|s_n(t)s_n^*(t-\tau)|]$。由于两路信号采用的是相同的调制参数，所以它们具有相同的自相关曲线，其自相关曲线如图 4-2 所示。不同时间延时 τ 条件下本章所提出的 CGA 算法采用三种不同函数所获得的分离性能曲线如图 4-3 所示。从图 4-2 和图 4-3 中可以看出，当时间延时 $\tau<10$ 时，基于三种函数的分离算法分离性能都维持在相同的水平，此时信号的自相关程度 $\xi(\tau)>0.5$。而当时间延时 $\tau>10$ 时，本章所提出的 CGA 算法采用三种不同的函数的分离性能开始出现变化：采用函数 $G_1(u)$ 的算法分离性能随着时间延时的增大恶化较为严重；时间延时对采用函数 $G_3(u)$ 算法的分离性能的影响要比采用函数 $G_2(u)$ 的算法影响大。在本小节的后续仿真中，令时间延时 $\tau=1$。

图 4-4 给出了几种不同算法的收敛速度性能曲线。源信号是两路 8PSK 调制信号，调制参数与上一仿真设置相同，混合矩阵是随机生成的。从图 4-4 中可以非常清楚地看出，EASI 算法的收敛速度明显慢于其他几种算法，这是由于 EASI 算法是基于相对梯度学习的算法，而此类算法仅具有线性的收敛速度。cFastICA 算法和 EBM 算法具有近似的收敛速度，且 cFastICA 算法分离结果 PI 性能的收敛

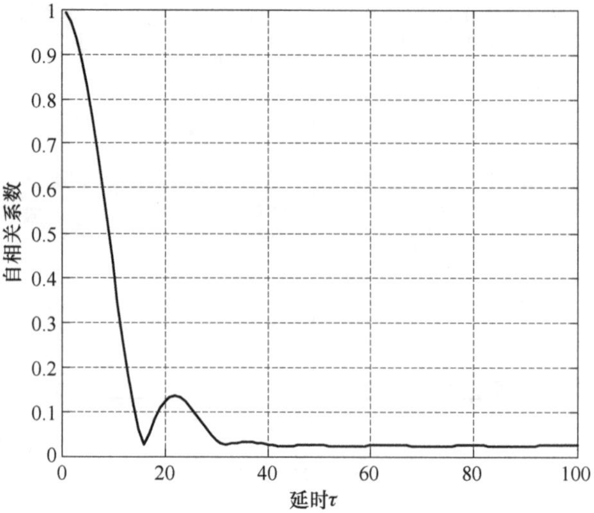

图 4-2 源信号的延时自相关函数曲线

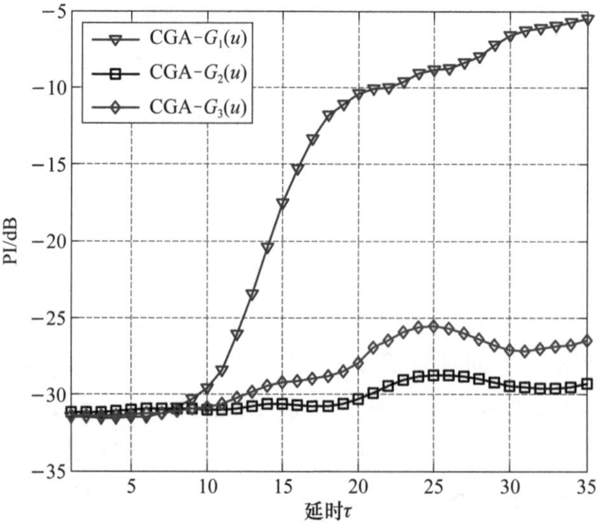

图 4-3 不同时间延时条件下本章所提出的 CGA 算法的分离性能曲线

值要低于 EBM 算法的收敛值，这意味着 EBM 算法分离出的信号平均干信比要高于 cFastICA 算法，即 EBM 算法分离出的信号质量要比 cFastICA 算法分离出的信号质量差。对于本章所提出的 CGA 算法，可以看出其收敛速度虽慢于 cFastICA 算法和 EBM 算法，但该算法的 PI 性能指标收敛值要低于上述两种对比算法，即 CGA 算法分离出的信号质量更好。此外，从图中同时可以看出，本章所提出的 CGA 算法采用三种不同的函数时的分离性能，无论是收敛速度还是收敛精度都非常相似。

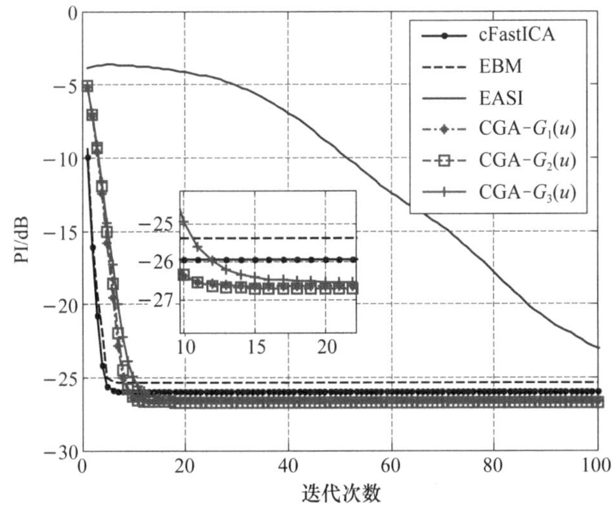

图 4-4　不同分离算法 PI 性能收敛曲线对比图

图 4-5 给出了不同样本长度大小时不同分离算法对两路 8PSK 混合信号的分离 PI 性能曲线。仿真中每一次独立实验的混合矩阵都是随机产生的。从图 4-5 中可以看出，本书中所有的分离算法的分离性能 PI 指标都会随着样本长度的增加而降低。本章所提出的 CGA 算法在样本长度大于 1 600 时，采用本书给出的三种函数所得到的分离性能相近，并优于其他几种对比分离算法。当样本长度小于 1 600 时，CGA 算法采用函数 $G_1(u)$ 具有最好的分离性能，cFastICA 算法

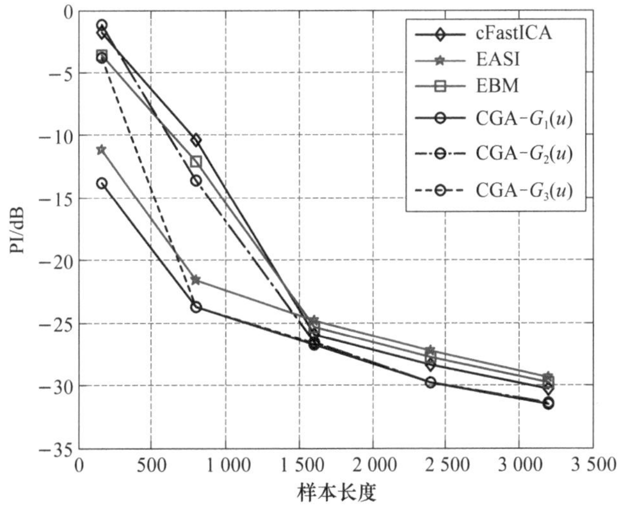

图 4-5　不同样本长度大小下不同分离算法的分离性能曲线

与 EBM 算法的分离性能相近。当样本长度小于 1 600 时，EASI 算法的性能要优于 cFastICA 算法和 EBM 算法，当样本长度大于 1 600 时，EASI 算法的分离性能与 EBM 算法相近。

4.4 基于一阶复自回归模型的广义自相关盲分离算法

4.4.1 算法描述

复值信号的时间序列结构可用一阶复自回归模型对其进行建模，其表达式如下：

$$s_n(t)=b_1 s_n(t-\tau)+b_2 s_n^*(t-\tau)+\nu_n(t) \tag{4.33}$$

其中，$\nu_n(t)$定义为该一阶复自回归模型的新息过程，b_1 和 b_2 分别是该模型的线性项和共轭项系数，τ 是时间延时。为便于表述，本节后续内容省略时间参数 t 的标注。

在信号模型式(4.33)的条件下，结合 4.3 节中所提出的代价函数，本节提出一种综合考虑信号时间结构特性和新息过程统计特性的代价函数

$$J_0(\boldsymbol{w}_n)=\varepsilon E[G(|\boldsymbol{w}_n^{\mathrm{H}}\boldsymbol{z}|^2)G(|\boldsymbol{w}_n^{\mathrm{H}}\boldsymbol{z}_\tau|^2)]+(1-\varepsilon)E[F(|\boldsymbol{w}_n^{\mathrm{H}}\boldsymbol{z}-b_1\boldsymbol{w}_n^{\mathrm{H}}\boldsymbol{z}_\tau-b_2\boldsymbol{w}_n^{\mathrm{H}}\boldsymbol{z}_\tau^*|^2)] \tag{4.34}$$

其中，$\varepsilon\in[0,1]$是平衡因子，$\boldsymbol{w}_n^{\mathrm{H}}$ 是分离矩阵 $\boldsymbol{W}$ 的第 n 行向量且 $\|\boldsymbol{w}_n\|^2=1$，F 是一个与新息过程的概率密度函数相关的可差分函数。在本节中函数 F 取 $F(u)=\log[\cosh(u)]$，函数 G 取与 4.3.1 节中相同的表达式。

在式(4.1)所给出的混合模型下，采用式(4.33)所述的信号模型，式(4.34)给出的优化问题可采用拉格朗日乘子法求解，拉格朗日函数可写为

$$J(\boldsymbol{w}_n)=J_0(\boldsymbol{w}_n)+\lambda(\|\boldsymbol{w}_n\|^2-1) \tag{4.35}$$

函数 J 关于向量 $\boldsymbol{w}_n$ 的共轭梯度为

$$\frac{\partial J(\boldsymbol{w}_n)}{\partial \boldsymbol{w}_n^*}=\frac{\partial J_0(\boldsymbol{w}_n)}{\partial \boldsymbol{w}_n^*}+\lambda\boldsymbol{w}_n \tag{4.36}$$

$$\begin{aligned}\frac{\partial J_0(\boldsymbol{w}_n)}{\partial \boldsymbol{w}_n^*}=&\lambda E[g(|\boldsymbol{w}_n^{\mathrm{H}}\boldsymbol{z}|^2)G(|\boldsymbol{w}_n^{\mathrm{H}}\boldsymbol{z}_\tau|^2)\boldsymbol{w}_n^{\mathrm{T}}\boldsymbol{z}^*\boldsymbol{z}+G(|\boldsymbol{w}_n^{\mathrm{H}}\boldsymbol{z}|^2)g(|\boldsymbol{w}_n^{\mathrm{H}}\boldsymbol{z}_\tau|^2)\boldsymbol{w}_n^{\mathrm{T}}\boldsymbol{z}_\tau^*\boldsymbol{z}_\tau]+\\&(1-\lambda)E[f(|\varphi|^2)[(\boldsymbol{z}-b_1\boldsymbol{z}_\tau)\varphi^*-b_2^*\boldsymbol{z}_\tau\varphi]]\end{aligned} \tag{4.37}$$

其中，$\varphi=\boldsymbol{w}_n^{\mathrm{H}}\boldsymbol{z}-b_1\boldsymbol{w}_n^{\mathrm{H}}\boldsymbol{z}_\tau-b_2(\boldsymbol{w}_n^{\mathrm{H}}\boldsymbol{z}_\tau)^*$，$f$ 是函数 F 的一阶导数。由此，向量 $\boldsymbol{w}_n$ 基于共轭梯度的更新规则可写为

$$\begin{cases} \boldsymbol{w}_n = \boldsymbol{w}_n - \mu \left[\dfrac{\partial J_0(\boldsymbol{w}_n)}{\partial \boldsymbol{w}_n^*} - \mathrm{Re}\left\{ \boldsymbol{w}_n^{\mathrm{H}} \dfrac{\partial J_0(\boldsymbol{w}_n)}{\partial \boldsymbol{w}_n^*} \right\} \boldsymbol{w}_n \right] \\ \boldsymbol{w}_n = \dfrac{\boldsymbol{w}_n}{\| \boldsymbol{w}_n \|} \end{cases} \tag{4.38}$$

在向量 $\boldsymbol{w}_n$ 迭代更新的过程中，源信号的一阶复自回归模型系数 $[b_1, b_2]$ 可以采用最小二乘的方式估计[60]

$$\boldsymbol{B} = \boldsymbol{C}_\tau \boldsymbol{C}^{-1} \tag{4.39}$$

其中

$$\boldsymbol{B} = \begin{bmatrix} b_1 & b_2 \\ b_2^* & b_1^* \end{bmatrix}, \quad \boldsymbol{C}_\tau = E\left\{ \begin{bmatrix} y_n \\ y_n^* \end{bmatrix} \begin{bmatrix} y_{n\tau} \\ y_{n\tau}^* \end{bmatrix}^{\mathrm{H}} \right\}, \quad \boldsymbol{C} = E\left[\begin{bmatrix} y_{n\tau} \\ y_{n\tau}^* \end{bmatrix} \begin{bmatrix} y_{n\tau} \\ y_{n\tau}^* \end{bmatrix}^{\mathrm{H}} \right]$$

一般来说，相对梯度学习方法的收敛速度要慢于自然梯度学习方法的收敛速度，分离矩阵 $\boldsymbol{W}$ 基于自然梯度学习的更新规则可描述为

$$\begin{cases} \boldsymbol{W} = \boldsymbol{W} - \mu \dfrac{\partial J(\boldsymbol{W})}{\partial \boldsymbol{W}} \boldsymbol{W}^{\mathrm{H}} \boldsymbol{W} \\ \boldsymbol{W} = \boldsymbol{W} (\boldsymbol{W}^{\mathrm{H}} \boldsymbol{W})^{-\frac{1}{2}} \end{cases} \tag{4.40}$$

4.4.2 仿真分析

本节对所提出的基于一阶复自回归模型的广义自相关盲分离算法进行性能仿真验证，选取的对比算法与 4.3.2 节相同，仍为 cFastICA 算法、EBM 算法和 EASI 算法。仿真中用估计信号的平均干信比作为性能评价指标。

首先，用本章所提算法对复值信号的可分性进行检验。仿真所采用的两路源信号均为 8PSK 调制信号，具体参数如下：符号速率 $R_s = 198$ ksps；采用根升余弦滚降滤波，滚降因子为 0.5；采样速率为 $16R_s$。函数 G 选用 $G_1(u) = u$，$\lambda = 0.3$，时间延时 $\tau = 1$。混合矩阵随机生成为

$$\boldsymbol{A} = \begin{bmatrix} 0.5559 - 0.4087\mathrm{i} & -0.3675 + 0.9735\mathrm{i} \\ -0.4565 + 0.1023\mathrm{i} & -0.6240 - 0.3897\mathrm{i} \end{bmatrix} \tag{4.41}$$

两路 8PSK 通信信号混合的分离效果图如图 4-6 所示，从图中可以看出，该算法有效地将混合的通信信号分离。但是它也存在和其他复值信号盲源分离算法同样的问题，即存在分离不确定性，包括幅度不确定性、顺序不确定性和相位不确定性。本章所提算法估计出的分离-白化-混合矩阵为

$$\boldsymbol{U} = \begin{bmatrix} -0.0042 - 0.0003\mathrm{i} & 0.4022 - 0.9156\mathrm{i} \\ -0.9841 - 0.1778\mathrm{i} & 0.0049 - 0.0006\mathrm{i} \end{bmatrix} \tag{4.43}$$

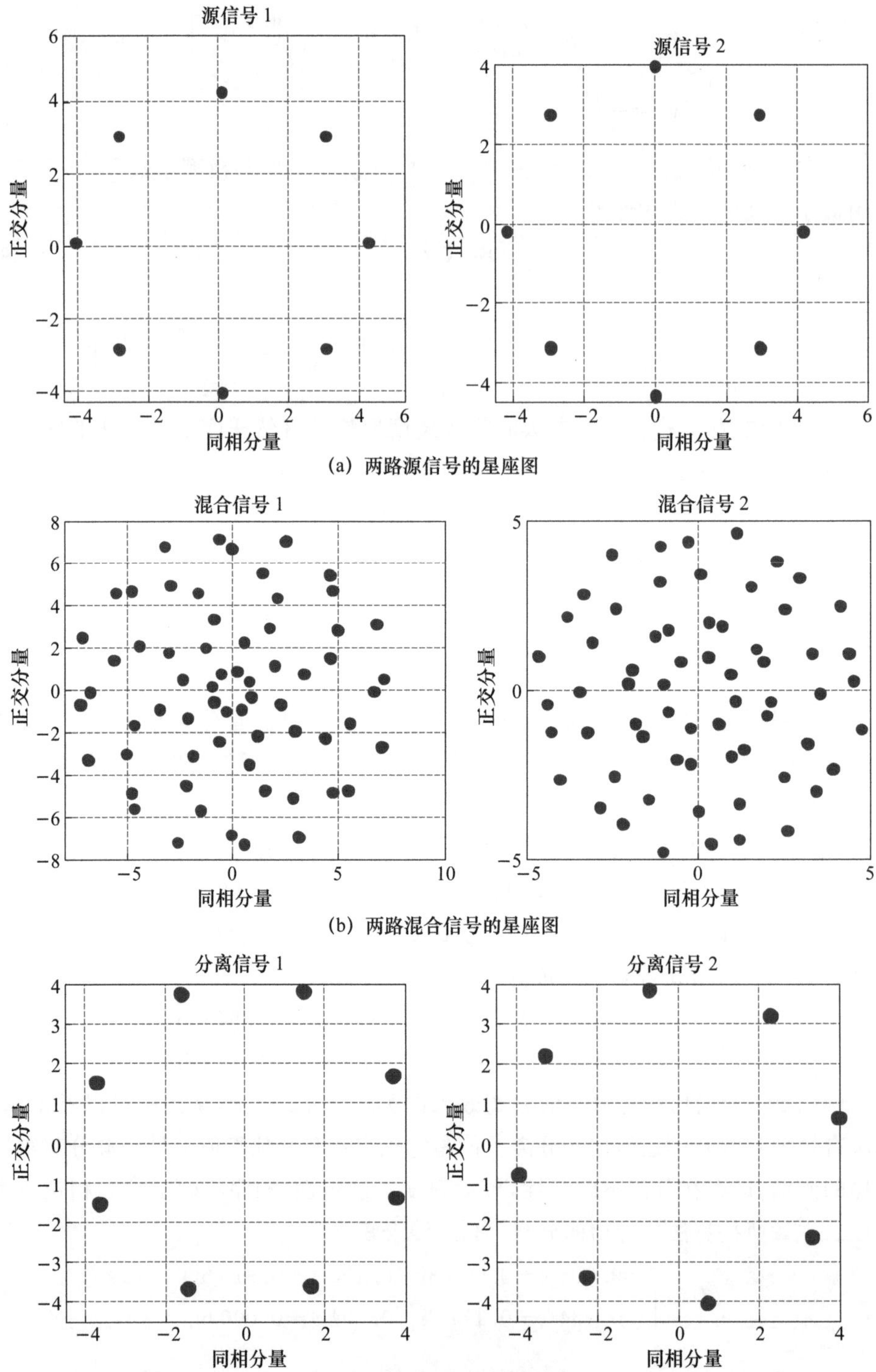

(a) 两路源信号的星座图

(b) 两路混合信号的星座图

(c) 两路分离信号的星座图

图 4－6　两路 8PSK 通信信号混合的分离效果图(时间延时 $\tau=1$)

为研究不同时间延时 τ 对本节所提算法分离性能的影响，本节仿真研究不同时间延时 τ 条件下本章所提出的 CARGA 算法的分离性能。如图 4-7 所示，本章所提出的 CARGA 算法采用函数 $G_1(u)$ 在时间延时 $\tau=8$ 时分离性能的 PI 指标达到最小值，即在此处达到最佳分离效果；采用函数 $G_3(u)$ 时算法的分离性能 PI 指标值随着时间延时 τ 的增加而增加；采用函数 $G_2(u)$ 时算法所获得的 PI 曲线相较于前两种函数要平坦，即随时间延时的变化较为缓慢。本次仿真结果显示，函数 $G(u)$ 和时间延时 τ 会对本章所提出的基于一阶复自回归模型的广义自相关盲分离算法产生较大影响。在本小节的后续仿真中，令时间延时 $\tau=1$。

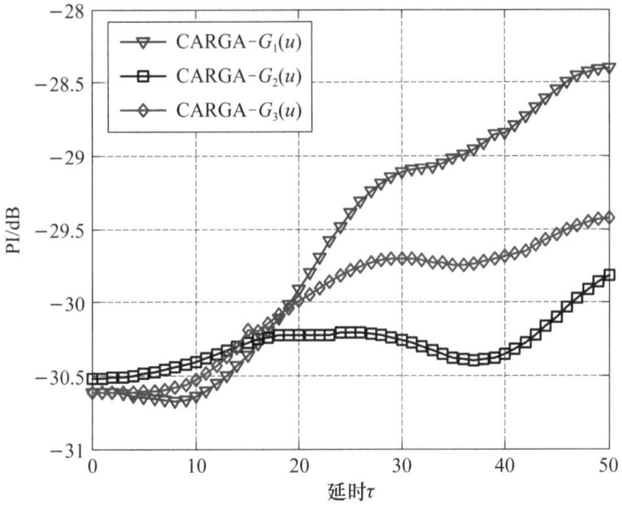

图 4-7 不同时间延时条件下，CARGA 所提算法的分离性能曲线
（样本长度为 3 000，平衡因子 $\lambda=0.3$）

图 4-8 给出了不同分离算法的 PI 性能收敛曲线。源信号采用与上一仿真中相同调制方式的 8PSK 信号，并且具有相同的调制参数。样本长度为 1 600，均衡因子取 $\lambda=0.3$，混合矩阵是随机生成的。从图中可以看出，本章所提出的 CARGA 算法具有与 cFastICA 算法和 EBM 算法近似相同的收敛速度并且优于 EASI 算法。此外，CARGA 算法采用三种不同的函数 G 得到了近似相同的收敛速度和 PI 收敛值，并且该收敛值要比三种对比算法的收敛值低，这意味着本章所提出的 CARGA 算法的分离效果要优于文中给出的三种对比算法。

图 4-9 给出了不同分离算法在不同源信号样本长度时的分离效果，源信号采用与前面相同的 8PSK 调制信号，平衡因子取 $\lambda=0.3$，混合矩阵是随机生成的。从图中可以看出，采用函数 $G_1(u)$ 的基于一阶复自回归模型的广义自相关分离算法性能最好；并且随着样本长度的增加，采用三种不同 G 函数形式的 CARGA 算法

的性能差异逐渐减小；当样本长度大于 800 时，采用三种不同 G 函数形式的 CARGA 算法的性能均优于三种对比算法。

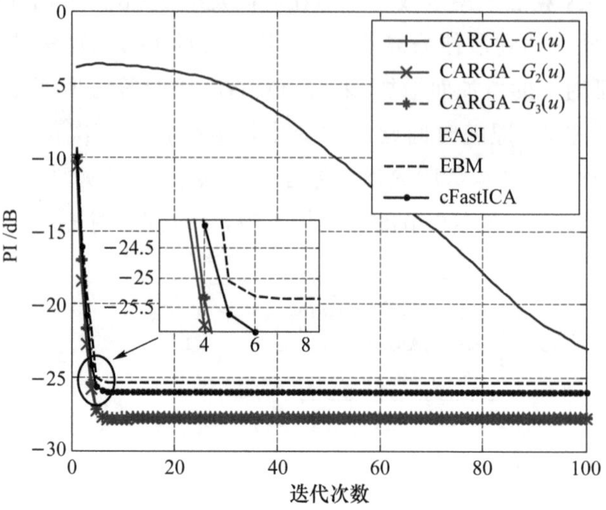

图 4-8　不同分离算法 PI 性能收敛曲线对比图

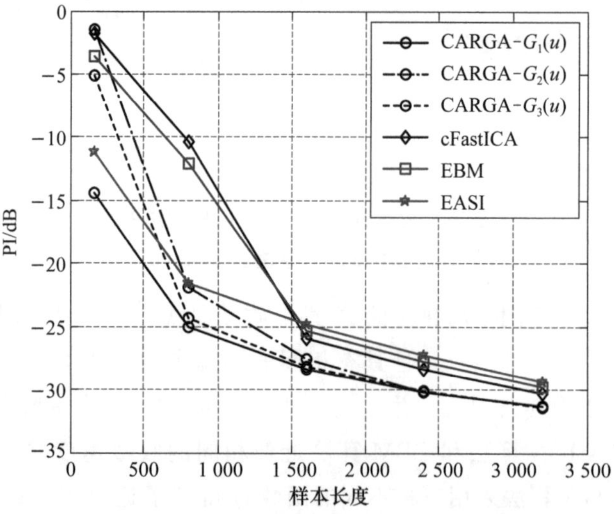

图 4-9　不同样本长度条件下不同分离算法的分离性能曲线

由于平衡因子 λ 的取值决定了信号的自相关与信号新息过程的统计量在对比函数中所主导的作用比例，本仿真研究了不同均衡因子 λ 的取值对 CARGA 算法分离性能的影响，如图 4-10 所示。从图中可以看出，当仅考虑信号的自相关或者信号一阶复自回归模型的新息过程统计量时（即 $\lambda=0$ 或 $\lambda=1$ 时），本章所提出的

CARGA 算法的分离性能都不能达到最佳，这两种因素对算法分离性能的影响存在折中。当 $0<\lambda<0.2$ 时，CARGA 算法的分离 PI 性能指标随着平衡因子 λ 的增加而降低，也就是说，信号分离质量随着 λ 的增加得到了提升。在 $0.2<\lambda\leqslant 0.7$ 时，PI 性能指标相对稳定。当 $0.7<\lambda\leqslant 1$ 时，PI 性能指标随着 λ 的增加而上升，这意味着信号分离质量在恶化。

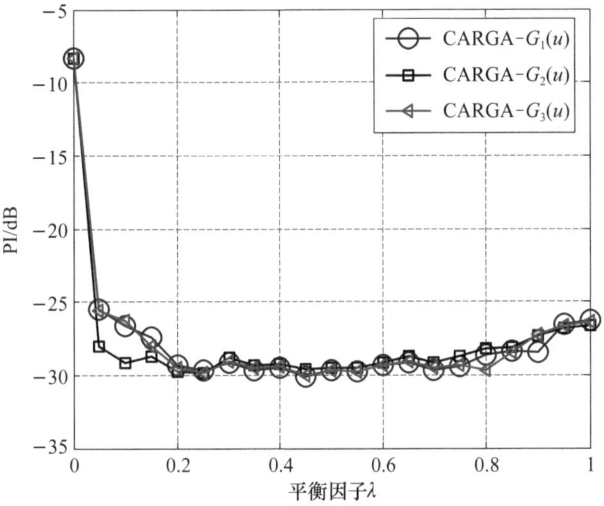

图 4－10　不同平衡因子 λ 对 CARGA 算法分离性能的影响

4.5　本章小结

本章主要研究了复值信号的盲分离问题。首先，考虑到源信号一般都具有时间结构特性，利用信号的延时自相关特性，提出了一种基于广义自相关的盲分离算法。然后，采用具体的信号时间结构模型对信号进行建模，并充分考虑信号模型中各信号成分对信号分离效果的影响，进一步对前一种算法做了改进，提出了一种基于一阶复自回归模型的广义自相关盲分离算法。该算法不仅考虑了信号的延时广义自相关特性，同时考虑了信号一阶复自回归模型中新息过程的统计特性。最后，仿真结果显示，该算法相较于第一种算法分离性能有所改进；并且该算法收敛速度与 cFastICA 算法和 EBM 算法相似，同时其信号分离 PI 性能指标收敛值要优于这两种对比算法。

第 5 章

具有时间结构特性的复值源信号盲分离

第 4 章考虑了信号的时间序列结构，依据信号之间的独立性假设，建立了基于信号广义自相关的目标函数。本章将从信号的时间结构模型出发，分析信号模型参数与分离矩阵的关系，采用矩阵分析的方法估计出分离矩阵，进而实现信号分离。本章将采用宽线性滤波器模型对源信号进行建模以描述复值信号的时间结构特性。经分析，源信号的宽线性滤波器模型参数与观测信号的宽线性滤波器模型参数间具有特殊的结构关系，可采用矩阵联合对角化的方式估计出分离矩阵。同时，本章还提出了一种复矩阵联合对角化算法以估计分离矩阵。

5.1 引　言

如第 4 章研究结果所述，考虑信号的时间结构能够有效提升算法的分离性能，但第 4 章的研究内容仍具有一定的局限性。例如，虽然在第 4 章的研究中考虑了信号的延时相关性，但是其研究基础仍是 ICA，无法摆脱源信号独立性假设、源信号非高斯性限制以及源信号高阶统计量近似函数 $G(u)$ 对算法分离性能的影响。基于 ICA 方法的盲分离算法也可以不用函数去近似信号的高阶统计量，如基于四阶累计量的盲辨识算法（Fourth Order Blind Identification，FOBI），该算法通过分析观测信号的四阶累积量矩阵与源信号的四阶累计量矩阵之间的关系，利用矩阵分解的方法估计分离矩阵。这一方法非常有效，但是它要求源信号必须具有不同的峭度。然而，在许多实际应用中源信号是服从同一分布的，因此会具有相同的峭度，故 FOBI 的实际应用非常受限。参考文献[21]中所提出的 SUT 算法通过联合对角化观测信号的协方差矩阵估计分离矩阵，但是对于非环源信号，SUT 算法要求源信号要具有不同的非环指数。二阶盲辨识（Second Order Blind Identification，SOBI）算法[61]通过联合对角化多个观测信号矢量的延时协方差矩阵得到分离矩阵的估计，该算法不但不需要采用函数近似地计算信号的高阶统计量，还不需要对源信号的高斯性加以限制。由以上分析可知，考虑信号的时间结构，一方面可以减轻参数选择对 ICA 算法的影响，另一方面也可以放宽 ICA 方法中对源信号特性的限制。本章将进一步研究基于信号时间结构的盲分离算法。

在复值信号的盲源分离研究中，利用复值信号具体的时间结构模型实现信号分离的算法还鲜有报道。本章将从信号的时间结构模型出发，分析信号模型参数与分离矩阵的关系，采用矩阵分析的方法估计出分离矩阵，进而实现观测信号的分离。本章将采用宽线性滤波器模型对源信号进行建模以描述复值信号的时间结构特性。

经分析，观测信号的宽线性滤波器模型参数与源信号的宽线性滤波器模型参数和混合矩阵间具有特殊的结构关系，可采用矩阵联合对角化的方式估计出分离矩阵。同时，本章提出了一种复矩阵联合对角化算法以估计分离矩阵。在盲分离算法中采用宽线性滤波器模型描述源信号具有很多优点，比如该模型仅考虑信号的时间结构而不关心源信号是环的或者非环的，亦或者是否是高斯信号。所以采用宽线性滤波器结构能够降低算法对源信号的限制。不管源信号是环的还是非环的，本章所提算法都可以实现源信号的分离。即便源信号都是高斯的，只要它们具有时间结构，本章所提算法也能将源信号分离，这是基于 ICA 的盲分离算法所不能实现的。

5.2 基础知识

5.2.1 宽线性滤波器模型

如参考文献[60]中所述，宽线性滤波器结构定义为

$$s_j(t)=\sum_{q=1}^{p}d_{j,q}s_j(t-q)+\sum_{q=1}^{p}d_{j,p+q}s_j^*(t-q)+v_j(t) \tag{5.1}$$

其中，p 是模型阶数，$\boldsymbol{d}_j=[d_{j,1},d_{j,2},\cdots,d_{j,2p}]^{\mathrm{T}}$ 是宽滤波器模型系数，$v_j(t)$ 是复高斯随机过程，又称为新息过程。对于多维信号，它们的宽滤波器模型可表示为

$$\boldsymbol{S}(t)=\sum_{q=1}^{p}\boldsymbol{D}_q\boldsymbol{S}(t-q)+\sum_{q=1}^{p}\boldsymbol{D}_{p+q}\boldsymbol{S}^*(t-q)+\boldsymbol{V}(t) \tag{5.2}$$

其中，$\boldsymbol{D}_q=\mathrm{diag}([d_{1,q},d_{2,q},\cdots,d_{N,q}]^{\mathrm{T}})$，$\mathrm{diag}(\boldsymbol{d})$ 定义为对角线元素为 $\boldsymbol{d}$ 的对角矩阵，$\boldsymbol{V}(t)=[v_1(t),v_2(t),\cdots,v_N(t)]^{\mathrm{T}}$。

5.2.2 矩阵联合对角化

矩阵联合对角化在盲信号处理领域中是一类非常重要的问题。参考文献[63]详细介绍了盲源分离中有关矩阵联合对角化的方法及应用。基于矩阵联合对角化的盲分离算法中最关键的一步是构造一个具有特殊结构的矩阵集合，该集合中的所有矩阵可以被分离矩阵联合对角化。有关矩阵联合对角化算法的描述如下：

考虑 p 个复矩阵 $\boldsymbol{M}_q$，$q=1,2,\cdots,p$，且 $\boldsymbol{M}_q$ 满足如下结构：

$$\boldsymbol{M}_q=\boldsymbol{A}\boldsymbol{D}_q\boldsymbol{A}^{\dagger} \tag{5.3}$$

其中，$(\bullet)^{\dagger}$ 可以表示 $(\bullet)^{\mathrm{T}}$ 或者 $(\bullet)^{\mathrm{H}}$，$\boldsymbol{A}$ 是可逆矩阵。矩阵联合对角化的目标是估计出对角化矩阵 $\boldsymbol{W}$，使得任意 $\boldsymbol{M}_q$ 经式(5.4)变换后 $\boldsymbol{M}_q'$ 皆为对角阵。

$$\boldsymbol{M}_q'=\boldsymbol{W}\boldsymbol{M}_q\boldsymbol{W}^{\dagger} \tag{5.4}$$

理想情况下,$\boldsymbol{W}$ 应该等于矩阵 $\boldsymbol{A}$ 的逆左乘一个广义置换矩阵。一般情况下,矩阵 $\boldsymbol{M}_q$ 是估计出来的,所以矩阵联合对角化不可能会使得所有 $\boldsymbol{M}'_q$ 都是完全对角阵。此时,可在某些准则条件下采用近似矩阵联合对角化的方法。近似矩阵联合对角化的方法有很多,其中最常见的准则如下[63]:

$$J(\boldsymbol{W})=\sum_{q=1}^{p}\|\operatorname{off}(\boldsymbol{M}'_q)\|^2 \tag{5.5}$$

其中,$\|\cdot\|$ 是矩阵的 Frobenius 范数,$\operatorname{off}(\boldsymbol{M}'_q)$ 定义为非对角线元素与 $\boldsymbol{M}'_q$ 相同且对角线元素均为零的矩阵。由此可见,矩阵联合对角化问题就是寻找一个可逆的矩阵 $\boldsymbol{W}$ 使得代价函数 J 最小。

5.3 基于宽线性滤波器模型的复值源信号分离算法

本章所采用的混合模型同式(4.1),$\boldsymbol{X}(t)=\boldsymbol{AS}(t)$,这里假设混合矩阵 $\boldsymbol{A}\in\mathbf{C}^{N\times N}$ 是大小为 $N\times N$ 的非奇异矩阵。此时,基于源信号模型式(5.2),观测信号的宽线性滤波器模型可表示为

$$\begin{aligned}\boldsymbol{X}(t)=\boldsymbol{AS}(t)&=\boldsymbol{A}\left(\sum_{q=1}^{p}\boldsymbol{D}_q\boldsymbol{S}(t-q)+\sum_{q=1}^{p}\boldsymbol{D}_{p+q}\boldsymbol{S}^*(t-q)+\boldsymbol{V}(t)\right)\\&=\sum_{q=1}^{p}\boldsymbol{M}'_q\boldsymbol{X}(t-q)+\sum_{q=1}^{p}\boldsymbol{M}''_q\boldsymbol{X}^*(t-q)+\bar{\boldsymbol{V}}(t)\end{aligned} \tag{5.6}$$

其中,$\bar{\boldsymbol{V}}(t)=\boldsymbol{AV}(t)$ 是观测信号 $\boldsymbol{X}(t)$ 的新息过程矢量,并且

$$\boldsymbol{M}'_q=\boldsymbol{AD}_q\boldsymbol{A}^{-1},\quad q=1,2,\cdots,p \tag{5.7}$$

$$\boldsymbol{M}''_q=\boldsymbol{AD}_q(\boldsymbol{A}^{-1})^*,\quad q=1,2,\cdots,p \tag{5.8}$$

从式(5.7)和式(5.8)中可以看出,观测信号的宽线性滤波器模型系数矩阵 $\{\boldsymbol{M}'_q,\boldsymbol{M}''_q\}_{q=1,2,\cdots,p}$ 具有关于混合矩阵 $\boldsymbol{A}$ 的可对角化结构,这意味着可以用矩阵联合对角化方法估计出分离矩阵。由上述可知,基于宽线性滤波器结构的盲分离算法(简称为 WLF-JD)可分为两步实施:

第一步:估计观测信号 $\boldsymbol{X}(t)$ 的宽滤波器模型系数矩阵 $\{\boldsymbol{M}'_q,\boldsymbol{M}''_q\}_{q=1,2,\cdots,p}$。可采用参考文献[60]中所提出的最小均方误差(Minimum Mean Squared Error, MMSE)估计器完成。

第二步:联合对角化矩阵 $\{\boldsymbol{M}'_q,\boldsymbol{M}''_q\}_{q=1,2,\cdots,p}$,估计出分离矩阵 $\boldsymbol{W}$。该步骤由 5.3.2 节提出的矩阵联合对角化算法实现。

5.3.1 多变量宽滤波器模型参数估计

参考文献[60]对复值信号的优化、估计以及应用做了较为全面的概述,同时也

介绍了一种基于 MMSE 的宽线性估计器。对于复值观测信号矢量 $\boldsymbol{X}(t)$，它的宽线性滤波器模型如式(5.6)所示，将式(5.6)变换为

$$\boldsymbol{X}(t)=\boldsymbol{M}_1\boldsymbol{X}_p(t)+\boldsymbol{M}_2\boldsymbol{X}_p^*(t)+\bar{\boldsymbol{V}}(t) \tag{5.9}$$

其中，$\boldsymbol{M}_1=[\boldsymbol{M}_1' \quad \boldsymbol{M}_2' \quad \cdots \quad \boldsymbol{M}_p']$，$\boldsymbol{M}_2=[\boldsymbol{M}_1'' \quad \boldsymbol{M}_2'' \quad \cdots \quad \boldsymbol{M}_p'']$，$\boldsymbol{X}_p(t)$定义为将不同延时的观测信号 $\{\boldsymbol{X}(t-1),\boldsymbol{X}(t-2),\cdots,\boldsymbol{X}(t-p)\}$ 依次堆叠的新的向量，其表达式为

$$\boldsymbol{X}_p(t)=[\boldsymbol{X}^{\mathrm{T}}(t-1),\boldsymbol{X}^{\mathrm{T}}(t-2),\cdots,\boldsymbol{X}^{\mathrm{T}}(t-p)]^{\mathrm{T}} \tag{5.10}$$

式(5.9)可等效写成扩展的等式形式

$$\underline{\boldsymbol{X}}(t)=\underline{\boldsymbol{M}}\,\underline{\boldsymbol{X}}_p(t)+\underline{\bar{\boldsymbol{V}}}(t) \tag{5.11}$$

其中，$\underline{\boldsymbol{X}}(t)=[\boldsymbol{X}^{\mathrm{T}}(t),\boldsymbol{X}^{\mathrm{H}}(t)]^{\mathrm{T}}$，$\underline{\boldsymbol{X}}_p(t)=[\boldsymbol{X}_p^{\mathrm{T}}(t),\boldsymbol{X}_p^{\mathrm{H}}(t)]^{\mathrm{T}}$，$\underline{\boldsymbol{M}}=\begin{bmatrix}\boldsymbol{M}_1 & \boldsymbol{M}_2\\ \boldsymbol{M}_2^* & \boldsymbol{M}_1^*\end{bmatrix}$，

$\underline{\bar{\boldsymbol{V}}}(t)=[\bar{\boldsymbol{V}}^{\mathrm{T}}(t),\bar{\boldsymbol{V}}^{\mathrm{H}}(t)]^{\mathrm{T}}$。扩展的系数矩阵 $\underline{\boldsymbol{M}}$ 可以采用 MMSE 准则求得，基于 MMSE 准则的目标函数为

$$\mathrm{MSE}(\underline{\boldsymbol{M}})=E(\|\hat{\boldsymbol{X}}(t)-\boldsymbol{X}(t)\|)=\frac{1}{2}E(\|\hat{\underline{\boldsymbol{X}}}(t)-\underline{\boldsymbol{X}}(t)\|) \tag{5.12}$$

其中，$\hat{\boldsymbol{X}}(t)=\boldsymbol{M}_1\boldsymbol{X}_p(t)+\boldsymbol{M}_2\boldsymbol{X}_p^*(t)$，$\hat{\underline{\boldsymbol{X}}}(t)=[\hat{\boldsymbol{X}}^{\mathrm{T}}(t),\hat{\boldsymbol{X}}^{\mathrm{H}}(t)]^{\mathrm{T}}$。由正交性原理可知，当$(\hat{\underline{\boldsymbol{X}}}(t)-\underline{\boldsymbol{X}}(t))\perp\underline{\boldsymbol{X}}_p(t)$时式(5.12)取最小值，此时满足

$$E(\hat{\underline{\boldsymbol{X}}}(t)\underline{\boldsymbol{X}}_p^{\mathrm{H}}(t))-E(\underline{\boldsymbol{X}}(t)\underline{\boldsymbol{X}}_p^{\mathrm{H}}(t))=0 \tag{5.13}$$

因此

$$\underline{\boldsymbol{M}}\,\underline{\boldsymbol{C}}_{pp}-\underline{\boldsymbol{C}}_{xp}=0\Leftrightarrow\underline{\boldsymbol{M}}=\underline{\boldsymbol{C}}_{xp}\underline{\boldsymbol{C}}_{pp}^{-1} \tag{5.14}$$

再结合扩展的模型系数矩阵 $\underline{\boldsymbol{M}}$ 的定义，即可得到原模型系数矩阵 $\{\boldsymbol{M}_q',\boldsymbol{M}_q''\}_{q=1,2,\cdots,p}$。一旦获得了矩阵集 $\{\boldsymbol{M}_q',\boldsymbol{M}_q''\}_{q=1,2,\cdots,p}$，就可以用 5.3.2 节的矩阵联合对角化算法估计出分离矩阵。

5.3.2　改进的矩阵联合对角化算法

本章中的矩阵联合对角化问题是寻找一个矩阵 $\boldsymbol{W}$，使得矩阵集 $\{\boldsymbol{W}\boldsymbol{M}_q'\boldsymbol{W}^{-1},\boldsymbol{W}\boldsymbol{M}_q''(\boldsymbol{W}^{-1})^*\}_{q=1,2,\cdots,p}$中的矩阵尽可能地对角化。注意到这里遇到的问题与现有的矩阵联合对角化问题[64-66]是不同的。在当前研究的矩阵联合对角化问题中，所考虑的待对角化的矩阵结构为 $\{\boldsymbol{A}\boldsymbol{D}_q\boldsymbol{A}^{-1}\}_{q=1,2,\cdots,p}$ 或 $\{\boldsymbol{A}\boldsymbol{D}_q\boldsymbol{A}^{\mathrm{H}}\}_{q=1,2,\cdots,p}$，这两种结构不能适应本章所要解决的问题，因此需要改进，具体如下。

矩阵联合对角化可以通过最小化变换后矩阵集$\{\boldsymbol{W}\boldsymbol{M}_q'\boldsymbol{W}^{-1},\boldsymbol{W}\boldsymbol{M}_q''(\boldsymbol{W}^{-1})^*\}_{q=1,2,\cdots,p}$中各矩阵非对角线元素的模值平方和进而估计出对角化矩阵 $\boldsymbol{W}$，其数学表达式为

$$\boldsymbol{W}=\operatorname{argmin}\sum_{q=1}^{p}\left(\left\|\operatorname{off}(\boldsymbol{W}\boldsymbol{M}_q'\boldsymbol{W}^{-1})\right\|^2+\left\|\operatorname{off}(\boldsymbol{W}\boldsymbol{M}_q''(\boldsymbol{W}^{-1})^*)\right\|^2\right) \tag{5.15}$$

为最小化式(5.15)中的非线性函数,对角化矩阵 $\boldsymbol{W}$ 可以分解为一系列广义旋转矩阵的乘积。广义旋转矩阵进一步分解为 Shear 非酉矩阵和 Givens 酉矩阵的乘积。本章提出一种迭代算法实现对角化矩阵 $\boldsymbol{W}$ 的估计,该算法简称为 SGR。为方便计算旋转参数,在算法中采用了一些线性近似。

对角化矩阵 $\boldsymbol{W}$ 的分解公式如下:

$$\boldsymbol{W}=\prod_{\text{迭代次数}}\prod_{1\leqslant k<l\leqslant N}\boldsymbol{W}_{kl} \tag{5.16}$$

其中,$\boldsymbol{W}_{kl}=\boldsymbol{U}_{kl}^{\mathrm{H}}\boldsymbol{R}_{kl}^{-1}$,$\boldsymbol{U}_{kl}$ 定义为 Givens 变换酉矩阵,$\boldsymbol{R}_{kl}$ 是 Shear 非酉旋转矩阵。酉矩阵 $\boldsymbol{U}_{kl}$ 和非酉矩阵 $\boldsymbol{R}_{kl}$ 中除了

$$\begin{bmatrix}u_{kk} & u_{kl}\\ u_{lk} & u_{ll}\end{bmatrix}=\begin{bmatrix}\cos\theta & -\mathrm{e}^{\mathrm{i}\varphi}\sin\theta\\ \mathrm{e}^{-\mathrm{i}\varphi}\sin\theta & \cos\theta\end{bmatrix} \tag{5.17}$$

$$\begin{bmatrix}r_{kk} & r_{kl}\\ r_{lk} & r_{ll}\end{bmatrix}=\begin{bmatrix}\cosh y & -\mathrm{i}\mathrm{e}^{\mathrm{i}\alpha}\sinh y\\ \mathrm{i}\mathrm{e}^{-\mathrm{i}\alpha}\sinh y & \cosh y\end{bmatrix} \tag{5.18}$$

以外,其余元素同单位矩阵中的元素相同;其中,u_{lk} 和 r_{lk} 分别为酉矩阵 $\boldsymbol{U}_{kl}$ 和非酉矩阵 $\boldsymbol{R}_{kl}$ 中的第(k,l)个元素。

1. 非酉的 Shear 旋转变换

这一变换试图使矩阵集 $M=\{\boldsymbol{M}_q',\boldsymbol{M}_q''\mid q=1,2,\cdots,p\}$ 中的矩阵二范数变化最小。第 q 个变换后的矩阵表达式如下:

$$\boldsymbol{M}_{1q}'=\boldsymbol{R}_{kl}^{-1}\boldsymbol{M}_q'\boldsymbol{R}_{kl} \tag{5.19}$$

$$\boldsymbol{M}_{1q}''=\boldsymbol{R}_{kl}^{-1}\boldsymbol{M}_q'(\boldsymbol{R}_{kl})^* \tag{5.20}$$

这些变换只影响了矩阵 $\boldsymbol{M}_{1q}'$ 和 $\boldsymbol{M}_{1q}''$ 中第 k 行和第 l 列的元素值。当 $j\neq k,l$ 和 $o\neq k,l$ 时,矩阵 $\boldsymbol{M}_{1q}'$ 和 $\boldsymbol{M}_{1q}''$ 中相应的元素值分别为

$$\begin{cases}m_{1q,kj}'=\cosh y\cdot m_{q,kj}'+\mathrm{i}\mathrm{e}^{\mathrm{i}\alpha}\sinh y\cdot m_{q,lj}'\\ m_{1q,lj}'=-\mathrm{i}\mathrm{e}^{-\mathrm{i}\alpha}\sinh y\cdot m_{q,kj}'+\cosh y\cdot m_{q,lj}'\\ m_{1q,ok}'=\cosh y\cdot m_{q,ok}'+\mathrm{i}\mathrm{e}^{-\mathrm{i}\alpha}\sinh y\cdot m_{q,ol}'\\ m_{1q,ol}'=-\mathrm{i}\mathrm{e}^{\mathrm{i}\alpha}\sinh y\cdot m_{q,ok}'+\cosh y\cdot m_{q,ol}'\end{cases} \tag{5.21}$$

$$\begin{cases}m_{1q,kj}''=\cosh y\cdot m_{q,kj}''+\mathrm{i}\mathrm{e}^{\mathrm{i}\alpha}\sinh y\cdot m_{q,lj}''\\ m_{1q,lj}''=-\mathrm{i}\mathrm{e}^{-\mathrm{i}\alpha}\sinh y\cdot m_{q,kj}''+\cosh y\cdot m_{q,lj}''\\ m_{1q,ok}''=\cosh y\cdot m_{q,ok}''-\mathrm{i}\mathrm{e}^{\mathrm{i}\alpha}\sinh y\cdot m_{q,ol}''\\ m_{1q,ol}''=\mathrm{i}\mathrm{e}^{-\mathrm{i}\alpha}\sinh y\cdot m_{q,ok}''+\cosh y\cdot m_{q,ol}''\end{cases} \tag{5.22}$$

当 $j=k$ 或 l,并且 $o=k$ 或 l 时

$$\begin{cases} m'_{1q,kk} = m'_{q,kk} + \sinh^2 y \cdot \zeta'_1 + \frac{1}{2}\mathrm{i}\sinh 2y \cdot \xi'_1 \\ m'_{1q,kl} = m'_{q,kl} + \mathrm{e}^{\mathrm{i}\alpha}\left(-\frac{1}{2}\sinh 2y \cdot \zeta'_1 + \sinh^2 y \cdot \xi'_1\right) \\ m'_{1q,lk} = m'_{q,lk} + \mathrm{e}^{-\mathrm{i}\alpha}\left(-\frac{1}{2}\sinh 2y \cdot \zeta'_1 + \sinh^2 y \cdot \xi'_1\right) \\ m'_{1q,ll} = m'_{q,ll} - \sinh^2 y \cdot \zeta'_1 - \frac{1}{2}i\sinh 2y \cdot \xi'_1 \end{cases} \tag{5.23}$$

$$\begin{cases} m''_{1q,kk} = m''_{q,kk} + \mathrm{e}^{\mathrm{i}\alpha}\left(\sinh^2 y \cdot \zeta''_1 + \frac{1}{2}\mathrm{i}\sinh 2y \cdot \xi''_1\right) \\ m''_{1q,kl} = m''_{q,kl} + \frac{1}{2}\mathrm{i}\sinh 2y \cdot \zeta''_1 - \sinh^2 y \cdot \xi''_1 \\ m''_{1q,lk} = m''_{q,lk} - \frac{1}{2}\mathrm{i}\sinh 2y \cdot \zeta''_1 + \sinh^2 y \cdot \xi''_1 \\ m''_{1q,ll} = m''_{q,ll} + \mathrm{e}^{-\mathrm{i}\alpha}\left(\sinh^2 y \cdot \zeta''_1 + \frac{1}{2}\mathrm{i}\sinh 2y \cdot \xi''_1\right) \end{cases} \tag{5.24}$$

其中，y 和 α 是 Shear 旋转变换参数，且

$$\begin{cases} \zeta'_{q,1} = m'_{q,kk} - m'_{q,ll} \\ \xi'_{q,1} = \mathrm{e}^{\mathrm{i}\alpha} \cdot m'_{q,kl} + \mathrm{e}^{-\mathrm{i}\alpha} \cdot m'_{q,lk} \end{cases} \tag{5.25}$$

$$\begin{cases} \zeta''_{q,1} = \mathrm{e}^{-\mathrm{i}\alpha} \cdot m''_{q,kk} + \mathrm{e}^{\mathrm{i}\alpha} \cdot m''_{q,ll} \\ \xi''_{q,1} = m''_{q,lk} - m''_{q,kl} \end{cases} \tag{5.26}$$

2. Givens 酉矩阵旋转变换

这一变换的目的是使经 Shear 变换后的矩阵集 $M_1 = \{\boldsymbol{M}'_{1q}, \boldsymbol{M}''_{1q} \mid q=1,2,\cdots,p\}$ 中的矩阵尽可能地成为对角阵。第 q 个变换后的矩阵表达式如下：

$$\boldsymbol{M}'_{2q} = \boldsymbol{U}_{kl}^{\mathrm{H}} \boldsymbol{M}'_{1q} \boldsymbol{U}_{kl} \tag{5.27}$$

$$\boldsymbol{M}''_{2q} = \boldsymbol{U}_{kl}^{\mathrm{H}} \boldsymbol{M}''_{1q} (\boldsymbol{U}_{kl})^* \tag{5.28}$$

当 $j \neq k, l$，且 $o \neq k, l$ 时，矩阵 $\boldsymbol{M}'_{2q}$ 和 $\boldsymbol{M}''_{2q}$ 中相应的元素值分别为

$$\begin{cases} m'_{2q,kj} = \cos\theta \cdot m'_{1q,kj} + \mathrm{e}^{\mathrm{i}\varphi}\sin\theta \cdot m'_{1q,lj} \\ m'_{2q,lj} = -\mathrm{e}^{-\mathrm{i}\varphi}\sin\theta \cdot m'_{1q,kj} + \cos\theta \cdot m'_{1q,lj} \\ m'_{2q,ok} = \cos\theta \cdot m'_{1q,ok} + \mathrm{e}^{-\mathrm{i}\varphi}\sin\theta \cdot m'_{1q,ol} \\ m'_{2q,ol} = -\mathrm{e}^{\mathrm{i}\varphi}\sin\theta \cdot m'_{1q,ok} + \cos\theta \cdot m'_{1q,ol} \end{cases} \tag{5.29}$$

$$\begin{cases} m''_{2q,kj} = \cos\theta \cdot m''_{1q,kj} + \mathrm{e}^{\mathrm{i}\varphi}\sin\theta \cdot m''_{1q,lj} \\ m''_{2q,lj} = -\mathrm{e}^{-\mathrm{i}\varphi}\sin\theta \cdot m''_{1q,kj} + \cos\theta \cdot m''_{1q,lj} \\ m''_{2q,ok} = \cos\theta \cdot m''_{1q,ok} + \mathrm{e}^{\mathrm{i}\varphi}\sin\theta \cdot m''_{1q,ol} \\ m''_{2q,ol} = -\mathrm{e}^{-\mathrm{i}\varphi}\sin\theta \cdot m''_{1q,ok} + \cos\theta \cdot m''_{1q,ol} \end{cases} \tag{5.30}$$

当 $j = k$ 或 l，且 $o = k$ 或 l 时

$$\begin{cases} m'_{2q,kk}=m'_{1q,kk}-\sin^2\theta\cdot\zeta'_2+\dfrac{1}{2}\sin 2\theta\cdot\xi'_2 \\ m'_{2q,kl}=m'_{1q,kl}-\mathrm{e}^{\mathrm{i}\varphi}\left(\dfrac{1}{2}\sin 2\theta\cdot\zeta'_2+\sin^2\theta\cdot\xi'_2\right) \\ m'_{2q,lk}=m'_{1q,lk}-\mathrm{e}^{-\mathrm{i}\varphi}\left(\dfrac{1}{2}\sin 2\theta\cdot\zeta'_2+\sin^2\theta\cdot\xi'_2\right) \\ m'_{2q,ll}=m'_{1q,ll}+\sin^2\theta\cdot\zeta'_2-\dfrac{1}{2}\sin 2\theta\cdot\xi'_2 \end{cases} \tag{5.31}$$

$$\begin{cases} m''_{2q,kk}=m''_{1q,kk}-\mathrm{e}^{\mathrm{i}\varphi}\left(\sin^2\theta\cdot\zeta''_2-\dfrac{1}{2}\sin 2\theta\cdot\xi''_2\right) \\ m''_{2q,kl}=m''_{1q,kl}-\dfrac{1}{2}\sin 2\theta\cdot\zeta''_2-\sin^2\theta\cdot\xi''_2 \\ m''_{2q,lk}=m''_{1q,lk}-\dfrac{1}{2}\sin 2\theta\cdot\zeta''_2-\sin^2\theta\cdot\xi''_2 \\ m''_{2q,ll}=m''_{1q,ll}+\mathrm{e}^{-\mathrm{i}\varphi}\left(\sin^2\theta\cdot\zeta''_2-\dfrac{1}{2}\sin 2\theta\cdot\xi''_2\right) \end{cases} \tag{5.32}$$

其中，θ 和 φ 是 Givens 酉矩阵变换参数，且

$$\begin{cases} \zeta'_{q,2}=m'_{1q,kk}-m'_{1q,ll} \\ \xi'_{q,2}=\mathrm{e}^{\mathrm{i}\varphi}\cdot m'_{1q,kl}+\mathrm{e}^{-\mathrm{i}\varphi}\cdot m'_{1q,lk} \end{cases} \tag{5.33}$$

$$\begin{cases} \zeta''_{q,2}=\mathrm{e}^{-\mathrm{i}\varphi}\cdot m''_{1q,kk}-\mathrm{e}^{\mathrm{i}\varphi}\cdot m''_{1q,ll} \\ \xi''_{q,2}=m''_{1q,lk}+m''_{1q,kl} \end{cases} \tag{5.34}$$

3. Shear 和 Givens 旋转变换参数计算

由于 Shear 变换要求尽可能地减小对原矩阵集 M 中的矩阵二范数的和的波动，关于 Shear 变换参数的计算可通过优化方法使式(5.35)最小而获得。

$$\begin{aligned} J_1 &= \sum_{q=1}^{p}(\|\boldsymbol{M}'_{1q}\|^2+\|\boldsymbol{M}''_{1q}\|^2) \\ &= \sum_{q=1}^{p}[\cosh 2y\cdot(g'_{q,kl}+g''_{q,kl})+2\sinh 2y\mathrm{Im}(\mathrm{e}^{-\mathrm{i}\alpha}b'_{q,kl}+\mathrm{e}^{-\mathrm{i}\alpha}b''_{q,kl})]+ \\ &\quad \sum_{q=1}^{p}[\sinh^2 2y(|\zeta'_{q,1}|^2+|\zeta''_{q,1}|^2+|\xi'_{q,1}|^2+|\xi''_{q,1}|^2)- \\ &\quad \sinh 4y\mathrm{Im}(\zeta'^{*}_{q,1}\xi'_{q,1}+\zeta''^{*}_{q,1}\xi''_{q,1})]+\mathrm{const}_1 \end{aligned} \tag{5.35}$$

其中，const_1 是与变换参数 y 和 α 无关的常数，且

$$\begin{cases} g'_{q,kl}=\displaystyle\sum_{j\neq k,l}(|m'_{q,kj}|^2+|m'_{q,lj}|^2+|m'_{q,jk}|^2+|m'_{q,jl}|^2) \\ b'_{q,kl}=\displaystyle\sum_{j\neq k,l}(m'_{q,kj}m'^{*}_{q,lj}-m'^{*}_{q,jk}m'_{q,jl}) \end{cases} \tag{5.36}$$

$$\begin{cases} g''_{q,kl} = \sum_{j\neq k,l} (|m''_{q,kj}|^2 + |m''_{q,lj}|^2 + |m''_{q,jk}|^2 + |m''_{q,jl}|^2) \\ b''_{q,kl} = \sum_{j\neq k,l} (m''_{q,kj} m''^{\ *}_{q,lj} - m''_{q,jk} m''^{\ *}_{q,jl}) \end{cases} \tag{5.37}$$

对式(5.35)分别关于参数 y 和 α 求偏导数并令偏导数为零，并当 y 取值在零附近时，取如下线性近似：

$$\begin{cases} \sinh 4y \approx 2\sinh 2y \approx 4\sinh y \\ \cosh 4y \approx \cosh 2y \approx \cosh y \end{cases} \tag{5.38}$$

经公式化简后，可以得到

$$\alpha = \arg\left(\sum_{q=1}^{p} (c'_{q,kl} + c''_{q,kl})\right) - \frac{\pi}{2} \tag{5.39}$$

$$\tanh y = \frac{\sum_{q=1}^{p} [\mathrm{Im}(\zeta'^{\ *}_{q,1}\xi'_{q,1} + \zeta''^{\ *}_{q,1}\xi''_{q,1}) - \mathrm{Im}(\mathrm{e}^{-\mathrm{i}\alpha} b'_{q,kl} + \mathrm{e}^{-\mathrm{i}\alpha} b''_{q,kl})]}{\sum_{q=1}^{p} (2(|\zeta'_{q,1}|^2 + |\zeta''_{q,1}|^2 + |\xi'_{q,1}|^2 + |\xi''_{q,1}|^2) + (g'_{q,kl} + g''_{q,kl}))} \tag{5.40}$$

其中

$$\begin{cases} c'_{q,kl} = \sum_{j=1}^{N} (m'_{q,kj} m'^{\ *}_{q,lj} - m'^{\ *}_{q,jk} m'_{q,jl}) \\ c''_{q,kl} = \sum_{j=1}^{N} (m''_{q,kj} m''^{\ *}_{q,lj} - m''_{q,jk} m''^{\ *}_{q,jl}) \end{cases} \tag{5.41}$$

由酉矩阵变换的保范性和定理给出的结论 $\|\boldsymbol{M}''_{2q}\|^2 = \|\boldsymbol{M}''_{1q}\|^2$，Givens 旋转变换参数可通过最小化式(5.42)得到。

$$J_2 = \sum_{q=1}^{p} [\|\mathrm{off}(\boldsymbol{M}'_{2q})\|^2 + \|\mathrm{off}(\boldsymbol{M}''_{2q})\|^2] \tag{5.42}$$

定理　给定大小为 $N \times N$ 的矩阵 $\boldsymbol{M}$，经 $\boldsymbol{U}_{kl}^{\mathrm{H}}\boldsymbol{M}(\boldsymbol{U}_{kl})^*$ 变换后，它的 Frobenius 范数保持不变。

证明　直接计算变换后矩阵 $\boldsymbol{U}_{kl}^{\mathrm{H}}\boldsymbol{M}(\boldsymbol{U}_{kl})^*$ 的范数即可证明。

式(5.42)可改写为

$$J_2 = \frac{1}{2}\sin^2 2\theta \cdot \eta_1 - \frac{1}{2}\sin 4\theta \cdot \eta_2 + \mathrm{const}_2 \tag{5.43}$$

其中

$$\begin{cases} \eta_1 = \sum_{q=1}^{p} [(|\zeta'_{q,2}|^2 - |\xi'_{q,2}|^2) + (|\zeta''_{q,2}|^2 - |\xi''_{q,2}|^2)] \\ \eta_2 = \sum_{q=1}^{p} [\mathrm{Re}(\zeta'^{\ *}_{q,2}\xi'_{q,2}) + \mathrm{Re}(\zeta''^{\ *}_{q,2}\xi''_{q,2})] \end{cases} \tag{5.44}$$

const_2 是与变换参数 θ 和 φ 无关的常数。对式(5.43)关于 θ 求偏导数并令其为零，经公式化简可得

$$\tan 4\theta=\frac{2\eta_2}{\eta_1} \tag{5.45}$$

将式(5.45)代入式(5.43)，经公式化简可得

$$J_2=\frac{1}{4}\eta_1-\frac{1}{4}(\eta_1^2+4\eta_2^2)^{\frac{1}{2}}+\mathrm{const}_2 \tag{5.46}$$

此时，代价函数式(5.46)就只有一个变量 φ。由于直接求解式(5.46)非常困难，因此采用一种基于梯度下降的算法，通过迭代计算的方式求解。对式(5.46)求关于 φ 的导数

$$\Delta J_2=\frac{1}{4}\Delta\eta_1-\frac{1}{4}(\eta_1^2+4\eta_2^2)^{-\frac{1}{2}}(\eta_1\Delta\eta_1+4\eta_2\Delta\eta_2) \tag{5.47}$$

其中

$$\Delta\eta_1=-2\sum_{q=1}^{p}\mathrm{Re}[\zeta''^{*}_{q,2}(\mathrm{ie}^{-\mathrm{i}\varphi}\cdot m''_{1q,kk}+\mathrm{ie}^{\mathrm{i}\varphi}\cdot m''_{1q,ll})+\xi'^{*}_{q,2}(\mathrm{ie}^{\mathrm{i}\varphi}\cdot m'_{1q,lk}-\mathrm{ie}^{-\mathrm{i}\varphi}\cdot m''_{1q,kl})] \tag{5.48}$$

$$\Delta\eta_2=\sum_{q=1}^{p}\mathrm{Re}[\zeta'^{*}_{q,2}(\mathrm{ie}^{\mathrm{i}\varphi}\cdot m'_{1q,lk}-\mathrm{ie}^{-\mathrm{i}\varphi}\cdot m'_{1q,kl})-\xi''^{*}_{q,2}(\mathrm{ie}^{-\mathrm{i}\varphi}\cdot m''_{1q,kk}+\mathrm{ie}^{\mathrm{i}\varphi}\cdot m''_{1q,ll})] \tag{5.49}$$

参数 φ 的迭代更新公式为

$$\varphi=\varphi+\mu\Delta J_2 \tag{5.50}$$

其中，μ 是收敛步长因子。

至此，本章所提出的矩阵联合对角化算法推导完毕。估计出分离矩阵 $\boldsymbol{W}$ 后，可通过公式 $\boldsymbol{Z}(t)=\boldsymbol{W}\boldsymbol{X}(t)$ 分离出源信号。

5.4 仿真结果与性能分析

5.4.1 矩阵联合对角化算法性能仿真与分析

本小节主要仿真分析本章所提出的矩阵联合对角化算法 SGR 的收敛速度以及抗噪声扰动性能。性能评价指标定义为代价函数 J_2 的值。在仿真实验中，对角化矩阵的初始值均设定为单位矩阵，所有的仿真结果取 200 次蒙特卡洛仿真的统计均值，在每一次仿真中所有的待对角化矩阵均按照式(5.7)和式(5.8)所述结构随机生成。

首先,对本章所提出的SGR算法的收敛性能进行仿真分析,其中待对角化矩阵为6个随机生成的大小为3×3的矩阵。图5-1给出了代价函数J_2的取值随迭代计算次数增加的变化曲线,其中,每一条曲线表示一次仿真实验的结果。从图中可以看出,本章所提出的矩阵联合对角化算法在迭代计算50次时,代价函数J_2的取值就已达到非常低的水平。这意味着矩阵联合对角化达到了非常好的结果。

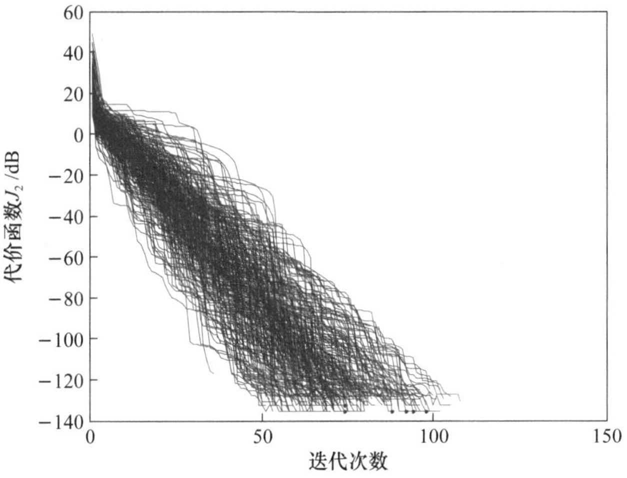

图5-1 SGR算法计算所得代价函数J_2随迭代次数的变化曲线

其次,研究噪声扰动对矩阵联合对角化算法性能的影响。在讨论本章所提出的矩阵联合对角化算法抗噪声扰动能力之前,首先研究本章所提出的盲源分离方案中第一步宽线性滤波器系数矩阵估计会引入多大的估计噪声偏差。图5-2给出了采用MMSE估计方法得到的宽线性滤波器系数矩阵估计的归一化均方误差(Normalized Mean Squared Error,NMSE)随样本长度的变化曲线,这里的估计误差对应于矩阵联合对角化中的噪声扰动。在本实验中,待对角化矩阵的生成方式与上一实验中相同。此外,为定量分析噪声扰动大小对矩阵联合对角化算法性能的影响,本章将生成的待对角化矩阵进行范数归一化处理。之后,再加入噪声扰动项$\varepsilon \boldsymbol{P}$,其中$\boldsymbol{P}$是随机产生的具有单位范数的矩阵,$\varepsilon^2$定义为噪声扰动水平。图5-3给出了代价函数$J_2$随噪声扰动水平的变化曲线,图中每条细线表示一次仿真的结果,粗线表示200次仿真的统计均值。从图5-3中可以看出,当噪声扰动水平低于−15 dB时,代价函数J_2已达到−20 dB,这一大小几乎可以忽略。也就是说,本章所提的矩阵联合对角化算法已较好地完成了近似矩阵联合对角化。而从图5-2中可以看出,在无噪声情况下,当样本长度大于800时即可实现低于−15 dB的估计误差;在有噪声情况下,当SNR>9 dB时,估计误差低于−15 dB。所以,本章所提出的矩阵联合对角化算法SGR能够满足本章所提出的盲源分离算法 WLF-JD 的需要。同时，图 5－4 给出了本章所提出的 SGR 算法与另外两种非正交矩阵联合对角化算法——HCLU[67]算法和 ALUJA[68]算法的性能对比。从图中可以看出本章所提出的 SGR 算法性能要明显优于另外两种算法。

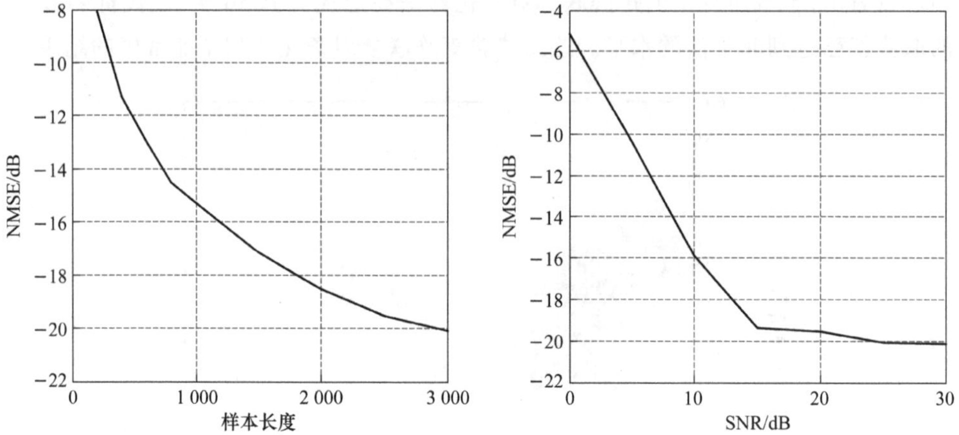

(a) 无噪声情况下不同样本长度条件下模型估计误差曲线

(b) 当样本长度为3 000时，不同信噪比条件下估计误差曲线

图 5－2　宽线性滤波器模型系数估计性能仿真(模型阶数 $p = 3$)

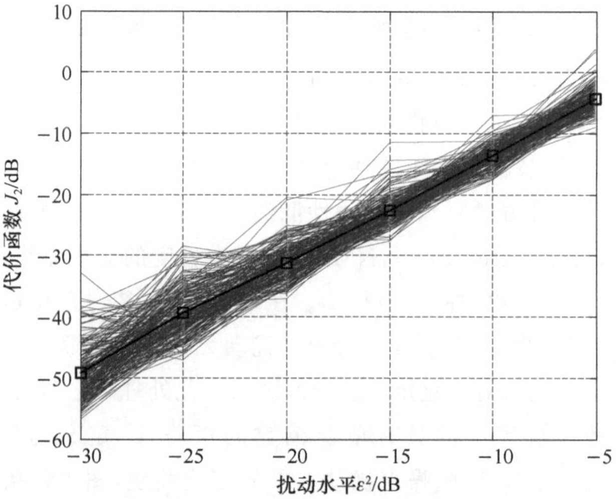

图 5－3　不同噪声扰动水平条件下，经 SGR 算法计算所得代价函数 J_2 的变化曲线

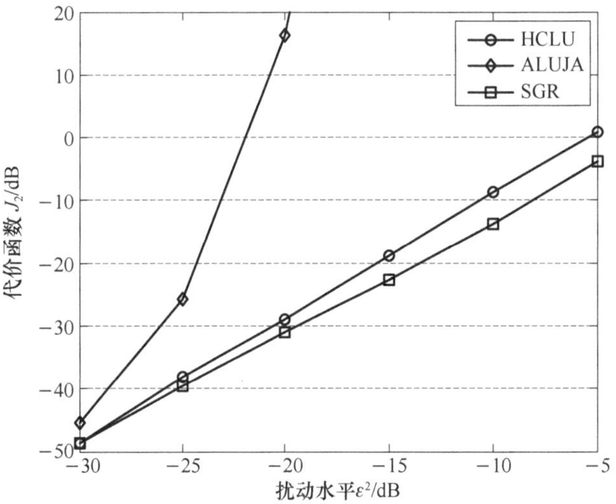

图 5-4　不同噪声扰动水平条件下，经不同算法计算所得代价函数 J_2 的变化曲线对比图

5.4.2　分离性能仿真与分析

本小节将仿真研究本章所提出的盲源分离算法 WLF-JD 对复平稳信号源的分离效果。本章算法将与七种复值信号盲分离算法进行比较，它们分别是：基于非高斯最大化的环信号分离算法（Adaptive Complex Maximization of Non-Gaussianity for Circular，ACMN-circ）、基于非高斯最大化的非环信号分离算法（ACMN-noncirc）[69]、JADE 算法、基于负熵最大化的复 ICA 算法（Complex ICA by Negentropy Maximization，CNM）[62]、复 SOBI 算法（Complex SOBI，CSOBI）以及 cFastICA 和 ncFastICA。在 CNM 算法中选用三种不同的非线性函数：算数平方函数（CNM-x^2）、双曲正切函数（CNM-tanh）和逆双曲正切函数（CNM-atanh）。在 ncFastICA 算法中采用另外三种非线性函数：峭度函数（ncFastICA-kurt）、平方根函数（ncFastICA-sqrt）和对数函数（ncFastICA-log）。

为定量分析算法的分离性能，首先定义分离性能指标为分离信号的平均干信比，其定义式为

$$\mathrm{ISR}=\frac{1}{2N}\left[\sum_{i=1}^{N}\left(\sum_{j=1}^{N}\frac{|\boldsymbol{G}(i,j)|^2}{\max_l|\boldsymbol{G}(i,l)|^2}-1\right)+\sum_{i=1}^{N}\left(\sum_{j=1}^{N}\frac{|\boldsymbol{G}(j,i)|^2}{\max_l|\boldsymbol{G}(l,i)|^2}-1\right)\right] \tag{5.51}$$

其中，$\boldsymbol{G}(i,j)$ 是全局矩阵 $\boldsymbol{G}=\boldsymbol{WA}$ 的第 (i,j) 个元素。ISR 值越低表明分离效果越好。

1. 具有时间结构的高斯源信号分离

在本实验中，信号源为采用新息过程环复高斯噪声的宽线性滤波器模型生成

的信号。由高斯分布的线性组合仍为高斯分布可知，采用此方式生成的源信号为高斯信号。混合矩阵为随机产生的复矩阵。由于宽线性滤波器模型阶数可采用信息论方法估计得到，故本章假设模型阶数已知且都设定为 3。每次实验模型系数均随机生成①。

图 5-5 所示为不同算法分离结果的 ISR 值随样本长度变化的性能曲线。实验中设定源信号个数为 4，样本大小区间为 200 到 2 000。从图中可以看出，除了 CSOBI 算法，其余对比算法在该实验条件下都表现出了非常差的性能。这主要是因为这些对比算法没有考虑信号的时间结构且要求源信号中至多只能有一个高斯信号。CSOBI 算法利用多个延时协方差矩阵的信息获得了比其他对比算法更好的性能。本章所提出的 WLF-JD 算法更好地利用了信号的时间结构特性进而获得了比所有对比算法都优越的性能。

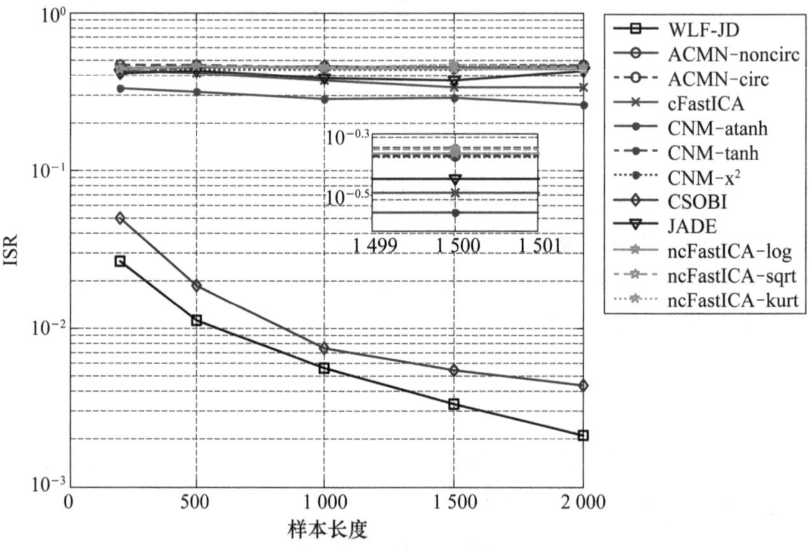

图 5-5 不同算法分离宽线性滤波器模型的高斯源信号的 PI 性能随样本长度的变化曲线
（信源个数为 4，样本长度大小范围为 200 到 2 000，每条曲线取 200 次独立实验的统计均值）

2. 非高斯源信号分离

在本小节中，为更好地描述源信号的非高斯性，源信号采用宽线性滑动平均模型生成。宽线性滑动滤波器模型为 $s(t)=\sum_{k=0}^{2}h_k\upsilon(t-k)+\sum_{k=0}^{2}h_{3+k}\upsilon^*(t-k)$，其中滤波器模型系数是随机生成的，非高斯变量 $\upsilon(t)$ 服从复广义高斯分布模型

① 模型系数服从复高斯分布，且当生成的模型参数使宽线性滤波器模型稳定时才接受。

(Complex Generalized Gaussian Distribution，CGGD)，通过调整复广义高斯分布模型的参数可以控制 $v(t)$ 的非高斯性程度。

实验 1：图 5-6 给出了不同分离算法随样本长度变化的 PI 性能曲线。仿真中源信号个数为 4，样本长度大小变化范围为 200～3 000。从图中可以看出，采用非线性函数为双曲正切函数的 CNM 算法性能最差，而采用算数平方函数的 CNM 算法性能要远好于采用另外两种非线性函数的 CNM 算法。由于该源信号是非环的，ACMN-noncirc 算法性能要优于 ACMN-circ 算法。由于 CSOBI 算法也利用了信号的时间结构，其分离性能与 WLF-JD 算法性能相近。当信号样本长度大于 1 500时，本章所提出的 WLF-JD 算法性能与 cFastICA 算法性能几乎相同，但当样本长度小于 1 500 时，本章所提 WLF-JD 算法性能要优于所有的对比算法。

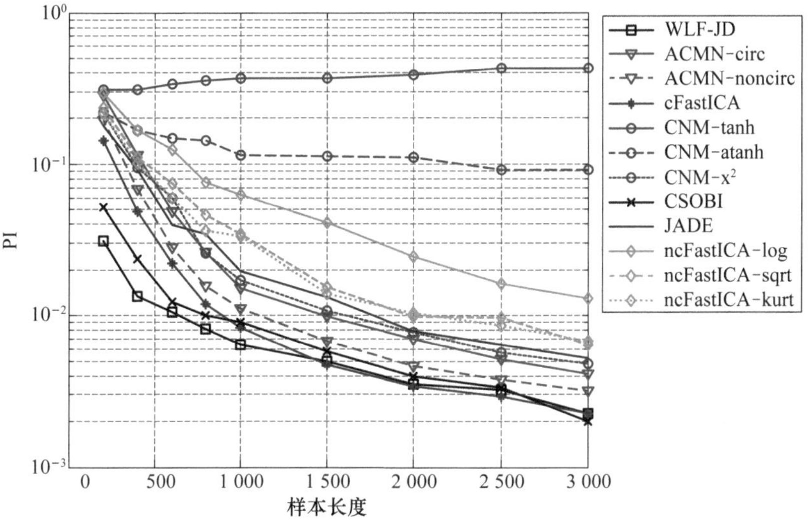

图 5-6　不同分离算法随样本长度变化的 PI 性能曲线

(信源个数为 4，样本长度变化范围为 200 到 3 000，每条曲线均为 200 次独立实验的统计均值)

实验 2：图 5-7 给出了当信号样本长度固定为 3 000 时，不同分离算法随源信号个数变化的 PI 性能曲线。从图中可以看出本章所提出的 WLF-JD 算法对源信号个数不敏感，且分离性能要优于其他对比算法。

实验 3：由于噪声在实际环境中无处不在，本实验考虑噪声对算法分离效果的影响。实验中，噪声水平定义为

$$\mathrm{SNR}=\frac{1}{N}\sum_{n=1}^{N}10\log_{10}\left(\frac{\mathrm{var}(x_n(t))}{\mathrm{var}(\tilde{\omega}_n(t))}\right) \tag{5.52}$$

其中，var(•)表示求方差运算，$\tilde{\omega}_n(t)$ 表示加到观测信号 $x_n(t)$ 上的零均值白高斯噪声。

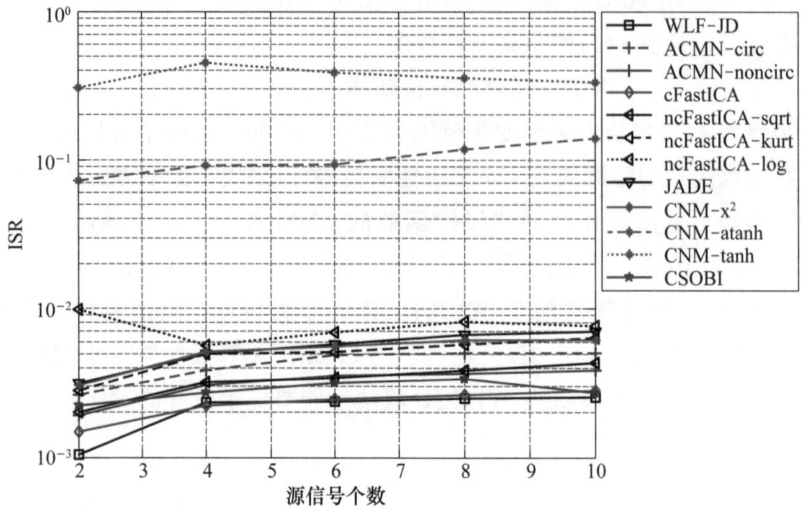

图 5-7 不同分离算法随源信号个数变化的 *PI* 性能曲线(信号样本长度固定为 3 000,源信号个数变化范围为 2 到 10,每条曲线均为 200 次独立实验的统计均值)

从上述的仿真结果中可以看出,ncFastICA 算法采用非线性函数为对数函数时性能要优于另外两种非线性函数,CNM 算法采用算数平方函数时性能要优于采用双曲正切和逆双曲正切函数,ACMN-noncirc 算法性能要优于 ACMN-circ 算法。因此,在本实验仿真中选择算法 ncFastICA-log、CNM-x^2 和 ACMN-noncirc 作为三类算法的代表进行仿真对比。图 5-8 展示了不同分离算法随信噪比变化的 PI 性能曲线。源信号个数设定为 4,样本长度设定为 3 000。从图中可以看出,本章提出的 WLF-JD 算法性能与 CNM-x^2 和 cFastICA 几乎相同,而其他对比算法性能则差于本章所提算法。

实验 4:在不同的应用中,源信号可能是超高斯①的(如语音信号)也可能是亚高斯的(如通信信号)。在本实验中,考虑不同分离算法对超高斯和亚高斯信号的分离效果。图 5-9 给出了不同分离算法对非环亚高斯源混合、非环超高斯源混合以及两种源信号同时存在时的混合情形的分离性能。从图中可以看出,基于 ICA 理论的分离算法,如 ncFastICA、cFastICA、CNM 和 ACMN,采用非线性函数近似源信号的概率密度函数,其分离性能易受源信号非高斯性类型影响。这主要是由于它们所选定的非线性函数只能较好地匹配某一种非高斯统计特性(亚高斯或者超高斯),当源信号的非高斯性与选定的非线性函数不匹配时,算法的分离性能就

① 具有负峭度的随机变量称为亚高斯的,具有正峭度的随机变量称为超高斯的,高斯随机变量的峭度为零。

会下降。这是 ICA 类算法的一个缺陷，仿真中其他算法的这一现象体现得就不那么明显。

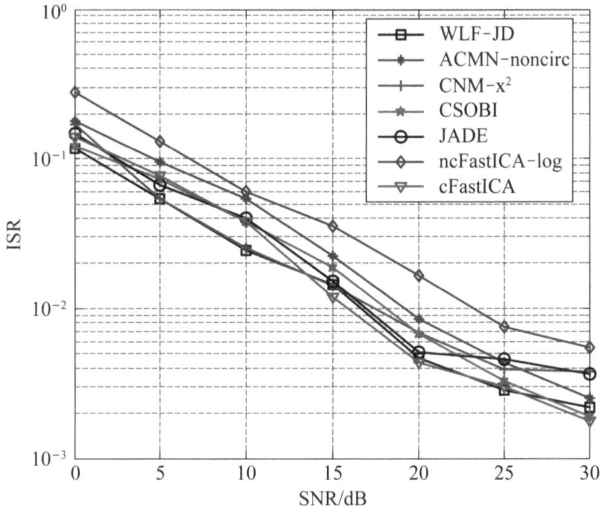

图 5-8　不同分离算法随信噪比变化的 PI 性能曲线(源信号个数设定为 4，样本长度设定为 3 000，SNR 变化范围为 0 到 30 dB，每条曲线均为 200 次独立实验的统计均值)

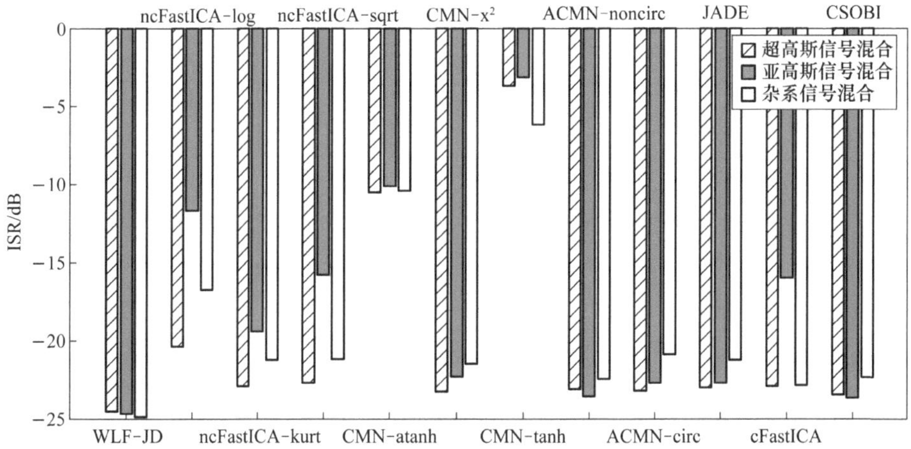

图 5-9　不同分离算法对非环亚高斯源信号混合、非环超高斯源信号混合以及两种源信号同时存在时的混合情形的分离性能(样本长度为 3 000，源信号个数为 4)

5.5 本章小结

本章研究了具有时间结构的复值信号分离算法。采用宽线性滤波器结构模型对信号的时间结构进行建模，提出了一种基于宽线性滤波器模型参数估计和矩阵联合对角化的复值信号盲分离算法 WLF-JD。同时，在 WLF-JD 算法的推导过程中提出了一种适用于 WLF-JD 分离算法的矩阵联合对角化算法 SGR。仿真结果显示本章所提出的矩阵联合对角化算法 SGR 具有较快的收敛速度，并能使代价函数收敛到一个较为理想的水平。同时该算法抗噪声扰动的性能也能够满足盲分离算法 WLF-JD 的需要。

本章所提出的盲分离算法 WLF-JD 可以分离具有时间结构的高斯信号和非高斯信号。经与七种对比算法仿真结果的对比分析，本章所提出的 WLF-JD 算法要优于其他几种算法，并具有更广的应用场景。此外，本章所提出的 WLF-JD 算法可以非常容易地扩展到超定混合情况下的源信号分离，只需要在执行本算法前对观测信号实施降维处理即可。

第 6 章

基于解耦IVA的盲源分离

6.1 引 言

第3、4、5章中研究了瞬时混合条件下的盲源分离问题,但是在许多实际应用环境中,尤其是在无线移动通信系统中,源信号在传播过程中常常会经历延时和反射,最终以卷积的形式混合。此时,瞬时混合模型没有确切地表达混合状态,导致第3、4、5章中所述方法难以获得预期的分离效果。近年来,为解决卷积混合盲分离问题,许多算法已被提出,这些算法大致可以分为两类:时域算法和频域算法。时域算法主要是基于已有的盲解卷积方法展开的研究,但是往往具有较高的运算复杂度。而频域方法可以有效降低算法实现的复杂度。对卷积混合的观测信号做短时傅里叶变换,在变换后的频域信号中,观测信号在每一频点上的数据是对应时间段源信号在对应频点值的瞬时混合。经此变换,就将时域卷积混合盲分离问题转换为了频域瞬时混合盲分离问题,之后即可采用瞬时混合的盲分离算法实现各源信号的分离。此时,由于在不同频点上的混合矩阵可能会不同且盲源分离算法中普遍存在分离信号顺序不确定的问题,故在各频点完成源信号分离后还需要一步后处理,以实现将各频点中的分离信号正确拼接,然后通过短时傅里叶逆变换恢复时域的源信号。关于如何完成将各频点分离信号正确拼接的问题,已有一些研究工作报道,但是这些算法的性能并不稳定。考虑到同一源信号在频域不同频点之间的相关性,有学者提出了采用联合盲源分离的方法实现频域的盲源分离,并且各频点分离出的信号具有相同的顺序。这样就不需要频域分离后的后处理过程而直接完成不同频点中源信号成分的正确拼接。

在联合盲源分离算法中,最常见的方法是基于独立向量分析(IVA)的算法。它是一种ICA的扩展方法。如ICA理论中所假设的那样,IVA同样要求在每一数据集内各源信号是统计独立的。这里的数据集指的是一组观测信号,对于每组观测信号(数据集)中所包含的任一源信号,其他任意一组观测信号(数据集)中所包含的源信号至多只能有一个与其相关,不同数据集中的混合矩阵也可能会不一样。这一假设除了在卷积混合频域盲分离中适用外①,在许多其他应用领域同样适用,如EEG和fMRI信号处理。

IVA算法将ICA算法中的代价函数从单变量扩展到了成分相关的多变量。

---

① IVA中数据集的概念对应于卷积混合频域分离方法中每一频点上的瞬时混合信号。卷积混合频域分离方法中考虑了多少个频点即可看作有多少个数据集。同时,由于各源信号是相互独立的,所以在同一频点上的不同源信号间是相互独立的。进一步地,不同频点上的同一源信号才具有相关性,与其他源信号均相互独立。满足IVA对数据集中源信号的约束条件。

许多算法利用不同的多参数先验概率分布模型描述不同数据集间源信号成分的相关性，并给出了相应的代价函数表达式。然而，大部分算法都要求各数据集的分离矩阵具有正交性。由于观测信号在白化过程中产生的白化矩阵估计误差在后续信号处理中无法补偿，因此对分离矩阵的正交性限制可能会使分离性能降低。在非正交受限的盲源分离算法中，一种简单且非常流行的算法是基于相对或自然梯度下降学习的算法，但是这种算法具有收敛速度慢的缺点。为加速算法收敛，一些学者相继提出了基于牛顿方法的学习算法。但是，由于牛顿算法需要求解 Hessian 矩阵的逆，其复杂度往往较高，且在某些情况下其性能也并不能满足要求。

本章提出一种解耦 IVA 方法并将其扩展到复数域用以求解频域盲解卷问题。该算法将矩阵优化问题分解为一系列的行向量优化问题。该算法不像正交受限的算法那样要求分离矩阵中各向量间是正交的。此外，相较于收缩方式的矩阵更新算法，本章所提算法不会发生分离错误累积现象。

6.2 IVA 问题描述

假设有 K 个数据集，每个数据集内有 N 个观测信号，每个信号有 L 个样本点，各数据集中信号的瞬时混合模型为

$$\boldsymbol{x}_t^{[k]}=\boldsymbol{A}^{[k]}\boldsymbol{s}_t^{[k]},\quad 1\leqslant k\leqslant K,1\leqslant t\leqslant L \tag{6.1}$$

其中，$\boldsymbol{s}_t^{[k]}=[s_{1,t}^{[k]},s_{2,t}^{[k]},\cdots,s_{N,t}^{[k]}]^{\mathrm{T}}$ 是零均值源信号矢量 $\boldsymbol{s}^{[k]}$ 的第 t 个样本值，上标 T 定义为转置运算，$\boldsymbol{A}^{[k]}$ 是未知的大小为 $N\times N$ 的非奇异混合矩阵。第 n 个源信号成分矢量（Source Component Vector，SCV）表述为 $\boldsymbol{s}_{n,t}^{\mathrm{T}}=[s_{n,t}^{[1]},s_{n,t}^{[2]},\cdots,s_{n,t}^{[K]}]$，该 SCV 与其他所有 SCV 相互独立。此时，数据集中所有源信号的概率密度函数满足关系式 $f(\boldsymbol{s}_{1,t},\boldsymbol{s}_{2,t},\cdots,\boldsymbol{s}_{N,t})=\prod\limits_{n=1}^{N}f(\boldsymbol{s}_{n,t})$。

IVA 算法的目标是找到 K 个分离矩阵并估计出各数据集中对应的源信号向量。定义第 k 个数据集对应的分离矩阵为 $\boldsymbol{W}^{[k]}$，估计出的信号向量为 $\boldsymbol{y}_t^{[k]}=\boldsymbol{W}^{[k]}\boldsymbol{x}_t^{[k]}$。第 k 个数据集中第 n 个源信号的第 t 个估计样本为 $y_{n,t}^{[k]}=(\boldsymbol{w}_n^{[k]})^{\mathrm{T}}\boldsymbol{x}_t^{[k]}$，其中 $(\boldsymbol{w}_n^{[k]})^{\mathrm{T}}$ 是分离矩阵 $\boldsymbol{W}^{[k]}$ 的第 n 行。估计得到的第 n 个 SCV 的表达式为 $\boldsymbol{y}_{n,t}^{\mathrm{T}}=[y_{n,t}^{[1]},y_{n,t}^{[2]},\cdots,y_{n,t}^{[K]}]$。

对于单个数据集的盲源分离，分离信号会具有顺序不确定性。多数据集联合盲源分离具有同样的性质，但是各数据集分离信号的顺序必须是相同的。也就是说第 k 个数据集估计出的分离矩阵的逆为 $\hat{\boldsymbol{A}}^{[k]}=\boldsymbol{A}^{[k]}\boldsymbol{P}^{-1}(\boldsymbol{\Lambda}^{[k]})^{-1}$，估计出的源信号向量为 $\boldsymbol{y}_t^{[k]}=\boldsymbol{\Lambda}^{[k]}\boldsymbol{P}\boldsymbol{s}_t^{[k]}$，其中 $\boldsymbol{P}$ 是任意的置换矩阵且所有的数据集具有相同的 $\boldsymbol{P}$，

$\boldsymbol{\Lambda}^{[k]}$是非奇异的对角矩阵。

IVA 的目标是获得相互独立的 SCV，它可以通过最小化估计出的 SCV 之间的互信息得到。估计出的 SCV 之间互信息表达式为

$$
\begin{aligned}
I_{\text{IVA}} &\equiv I[\boldsymbol{y}_{1,t};\boldsymbol{y}_{2,t};\cdots;\boldsymbol{y}_{N,t}] \\
&= \sum_{n=1}^{N} H[\boldsymbol{y}_{n,t}] - H[\boldsymbol{y}_{1,t},\boldsymbol{y}_{2,t},\cdots,\boldsymbol{y}_{N,t}] \\
&= \sum_{n=1}^{N} H[\boldsymbol{y}_{n,t}] - H[\boldsymbol{W}^{[1]}\boldsymbol{x}_t^{[1]},\boldsymbol{W}^{[2]}\boldsymbol{x}_t^{[2]},\cdots,\boldsymbol{W}^{[K]}\boldsymbol{x}_t^{[K]}] \\
&= \sum_{n=1}^{N} H[\boldsymbol{y}_{n,t}] - \sum_{k=1}^{K} \log|\det(\boldsymbol{W}^{[k]})| - C_1
\end{aligned}
\tag{6.2}
$$

其中，$I[x;y]$表示变量 x 和变量 y 之间的互信息，$H[\boldsymbol{y}_{n,t}]$表示 $\boldsymbol{y}_{n,t}$的熵。上式中用到了线性可逆变换 $\boldsymbol{W}^{[k]}\boldsymbol{x}_t^{[k]}$ 的熵为 $\log|\det(\boldsymbol{W}^{[k]})|+H[\boldsymbol{x}_t^{[k]}]$，式(6.2)中的 C_1 是常数 $H[\boldsymbol{x}_t^{[1]},\boldsymbol{x}_t^{[2]},\cdots,\boldsymbol{x}_t^{[K]}]$。现有的文献中通常将各数据集的分离矩阵 $\boldsymbol{W}^{[k]}$ 限制为正交的，如前面所述，这一限制可能会使得分离性能下降，本章提出一种解耦的方式解除这一限制。

6.3 基于 Householder 变换的矩阵优化方法

将矩阵优化问题分解为一系列的小的子问题进而提高优化算法的效率是非常常见的一种方法，比如 Jacobi(Givens)旋转。Jacobi 类算法的原理是将矩阵优化问题转化为一系列更小的子矩阵优化问题，子矩阵一般是 2×2 的矩阵。

本章采用一种 Householder 类的技术解决矩阵优化问题，其主要思想是将矩阵优化问题转化为一系列的向量优化问题。具体地来说，通过不断重复地左乘一个基础矩阵 $\boldsymbol{I}+\boldsymbol{u}\boldsymbol{v}^{\dagger}$ 的方式更新分离矩阵直到其收敛，其中 $\boldsymbol{I}$ 是一个 $N\times N$ 的单位矩阵，$\boldsymbol{u}$ 和 $\boldsymbol{v}$ 是两个大小为 $N\times1$ 的待优化的向量，$(\cdot)^{\dagger}$ 表示转置运算(当向量元素为实数时为实数向量转置，等效为$(\cdot)^{\mathrm{T}}$；当向量元素为复数时为复共轭转置，等效为$(\cdot)^{\mathrm{H}}$)。当 $\boldsymbol{u}=-2\boldsymbol{v}/(\boldsymbol{v}^{\dagger}\boldsymbol{v})$，$\boldsymbol{v}\neq\boldsymbol{0}$ 时，这一变换为 Householder 反射。$\boldsymbol{I}+\boldsymbol{u}\boldsymbol{v}^{\dagger}$ 反射变换的特征值为 1 和 $1+\boldsymbol{v}^{\dagger}\boldsymbol{u}$，其中，1 是 $N-1$ 重特征值。因此，若 $1+\boldsymbol{v}^{\dagger}\boldsymbol{u}\neq0$，这一变换是可逆的。对于矩阵 $\boldsymbol{W}^{[k]}$，其秩-1 更新为

$$
\boldsymbol{W}_{\text{new}}^{[k]}=(\boldsymbol{I}+\boldsymbol{u}\boldsymbol{v}^{\dagger})\boldsymbol{W}^{[k]} \tag{6.3}
$$

因此，最多需要 N 次初等反射即可将一个非奇异矩阵转换为另一任意非奇异矩阵。

式(6.3)中给出的矩阵更新方式与梯度下降法的形式非常相似。但是式(6.3)

相较于梯度下降算法更灵活，尤其是在二阶求导更新过程中。当 $\boldsymbol{u}=\boldsymbol{e}_n$ 时，式(6.3)仅更新矩阵 $\boldsymbol{W}^{[k]}$ 的第 n 行，其中 $\boldsymbol{e}_n$ 是大小为 $N\times 1$ 第 n 个元素为 1 的单位向量。在这种方式下，通过优化 $\boldsymbol{v}$ 即可实现逐行优化矩阵 $\boldsymbol{W}^{[k]}$。需要注意的是，即使不假设 $\boldsymbol{u}=\boldsymbol{e}_n$ 仍然可以通过 Householder 变换的方式实现分离矩阵的更新求解，但是这样会带来计算量的增加。因此，在本章中只考虑 $\boldsymbol{u}=\boldsymbol{e}_n$ 时的特殊情况。

6.4 基于 Householder 变换的解耦 IVA 算法

6.4.1 算法描述

本小节信号混合模型如式(6.1)所示，同样假设有 K 个数据集，每个数据集内有 N 个实值源信号，每个信号有 L 个样本点。采用如式(6.2)所给出的基于最小互信息的代价函数，重写如下：

$$I_{\mathrm{IVA}} \equiv \sum_{n=1}^{N} H[\boldsymbol{y}_{n,l}] - \sum_{k=1}^{K} \log|\det(\boldsymbol{W}^{[k]})| - C_1 \tag{6.4}$$

类似于 ICA 算法中的处理方式，本章也采用非线性函数近似信号的概率密度函数。令该非线性函数为 $G:\mathbf{R}^{K\times 1}\mapsto\mathbf{R}^{1\times 1}$，其具体表达形式为

$$\begin{cases} H[\boldsymbol{y}_{n,l}] = E\{G(\boldsymbol{y}_{n,l})\} \\ G(\boldsymbol{y}_{n,l}) = (\boldsymbol{y}_{n,l}^{\mathrm{T}}\boldsymbol{y}_{n,l})^2 \end{cases} \tag{6.5}$$

不失一般性，根据式(6.3)所述，矩阵 $\boldsymbol{W}^{[k]}$ 的第 n 行元素的优化过程可以表述为

$$\Delta\boldsymbol{w}_n^{[k]} = \boldsymbol{w}_{n,\mathrm{new}}^{[k]} - \boldsymbol{w}_{n,\mathrm{old}}^{[k]} = (\Delta\boldsymbol{v}^{\mathrm{T}}\boldsymbol{W}_{\mathrm{old}}^{[k]})^{\mathrm{T}} \tag{6.6}$$

其中 $\Delta\boldsymbol{v}$ 是向量 $\boldsymbol{v}$ 接近于 0 的微小扰动。对应地，第 k 个数据集中的第 n 个估计源信号的变化为

$$\Delta y_{n,l}^{[k]} = (\Delta\boldsymbol{w}_n^{[k]})^{\mathrm{T}}\boldsymbol{x}_l^{[k]} = \Delta\boldsymbol{v}^{\mathrm{T}}\boldsymbol{W}_{\mathrm{old}}^{[k]}\boldsymbol{x}_l^{[k]} = \Delta\boldsymbol{v}^{\mathrm{T}}\boldsymbol{y}_l^{[k]} \tag{6.7}$$

注意到 $\det(\boldsymbol{W}_{\mathrm{new}}^{[k]}) = (1+\Delta\boldsymbol{v}^{\mathrm{T}}\boldsymbol{e}_n)\det(\boldsymbol{W}_{\mathrm{old}}^{[k]})$，代价函数的变化为

$$\Delta I_{\mathrm{IVA}} = E\{G(\boldsymbol{y}_{n,l}+\Delta y_{n,l}^{[k]}\boldsymbol{e}_k) - G(\boldsymbol{y}_{n,l})\} - \log|1+\Delta\boldsymbol{v}^{\mathrm{T}}\boldsymbol{e}_n| \tag{6.8}$$

而后，使用二阶泰勒级数展开 $G(\boldsymbol{y}_{n,l}+\Delta y_{n,l}^{[k]}\boldsymbol{e}_k)$ 和 $\log|1+\Delta\boldsymbol{v}^{\mathrm{T}}\boldsymbol{e}_n|$，代价函数的变化量可表述为

$$\begin{aligned} \Delta I_{\mathrm{IVA}} &\approx E\left\{G'(\boldsymbol{y}_{n,l})|_{y_{n,l}^{[k]}}\Delta y_{n,l}^{[k]} + \frac{1}{2}G''(\boldsymbol{y}_{n,l})|_{y_{n,l}^{[k]}}(\Delta y_{n,l}^{[k]})^2\right\} - \left[\Delta\boldsymbol{v}^{\mathrm{T}}\boldsymbol{e}_n - \frac{1}{2}(\Delta\boldsymbol{v}^{\mathrm{T}}\boldsymbol{e}_n)^2\right] \\ &= E\left\{G'(\boldsymbol{y}_{n,l})|_{y_{n,l}^{[k]}}\Delta\boldsymbol{v}^{\mathrm{T}}\boldsymbol{y}_l^{[k]} + \frac{1}{2}G''(\boldsymbol{y}_{n,l})|_{y_{n,l}^{[k]}}(\Delta\boldsymbol{v}^{\mathrm{T}}\boldsymbol{y}_l^{[k]})^2\right\} - \left[\Delta\boldsymbol{v}^{\mathrm{T}}\boldsymbol{e}_n - \frac{1}{2}(\Delta\boldsymbol{v}^{\mathrm{T}}\boldsymbol{e}_n)^2\right] \end{aligned} \tag{6.9}$$

其中，$G'(\boldsymbol{y}_{n,l})\big|_{y_{n,l}^{[k]}}$和$G''(\boldsymbol{y}_{n,l})\big|_{y_{n,l}^{[k]}}$分别是非线性函数$G(\boldsymbol{y}_{n,l})$关于$y_{n,l}^{[k]}$的一阶和二阶导数。

向量$\Delta\boldsymbol{v}$基于牛顿法的更新规则为

$$\Delta\boldsymbol{v}=-\mu\left(\frac{\mathrm{d}^2J}{\mathrm{d}\boldsymbol{v}^{\mathrm{T}}\mathrm{d}\boldsymbol{v}}\right)^{-1}\frac{\mathrm{d}J}{\mathrm{d}\boldsymbol{v}} \tag{6.10}$$

其中

$$\frac{\mathrm{d}J}{\mathrm{d}\boldsymbol{v}}=E\left\{\frac{1}{2}G'(\boldsymbol{y}_{n,l})\Bigg|_{y_{n,l}^{[k]}}\boldsymbol{y}_l^{[k]}\right\}-\boldsymbol{e}_n \tag{6.11}$$

$$\frac{\mathrm{d}^2J}{\mathrm{d}\boldsymbol{v}^{\mathrm{T}}\mathrm{d}\boldsymbol{v}}=E\left\{\frac{1}{2}G''(\boldsymbol{y}_{n,l})\Bigg|_{y_{n,l}^{[k]}}\boldsymbol{y}_l^{[k]}(\boldsymbol{y}_l^{[k]})^{\mathrm{T}}\right\}+\boldsymbol{e}_n\boldsymbol{e}_n^{\mathrm{T}} \tag{6.12}$$

牛顿法中要求式(6.12)必须是正定的，但在求解过程中它可能表现出非正定的特性。为满足牛顿法中的要求，本章关于式(6.12)做出如下近似：

$$\frac{\mathrm{d}^2J}{\mathrm{d}\boldsymbol{v}^{\mathrm{T}}\mathrm{d}\boldsymbol{v}}\approx\mathrm{diag}\left\{E\left\{\frac{1}{2}G''(\boldsymbol{y}_{n,l})\Bigg|_{y_{n,l}^{[k]}}\boldsymbol{y}_l^{[k]}\circ(\boldsymbol{y}_l^{[k]})\right\}+\boldsymbol{e}_n\right\} \tag{6.13}$$

其中，$\circ$定义为两向量中对应元素相乘。从式(6.10)到式(6.13)可以看出，每更新一次$\Delta\boldsymbol{v}$需要做$3NL$次乘法运算。因此，更新一个分离矩阵需要$3N^2L$次乘法运算，这一运算复杂度与基于相对梯度下降算法的运算复杂度相当。

6.4.2 仿真分析

在本小节中，对本章所提出的多数据集联合盲源分离算法进行性能仿真验证分析。仿真中选择基于向量梯度学习和基于牛顿学习的 IVA 算法[71]作为对比算法。为使不同信号集间的源信号满足 IVA 的限制条件，仿真中各 SCV 按式(6.14)所示模型生成：

$$\boldsymbol{s}_{n,l}=\sum_{i=1}^{\mathrm{order}}\boldsymbol{M}_{n,i}\boldsymbol{z}_{n,l-i} \tag{6.14}$$

其中，$\boldsymbol{M}_{n,i}$是大小为$K\times K$的实值矩阵，变量$\boldsymbol{z}_{n,l-i}$中的元素在区间$[-1,1]$内服从均匀分布。在仿真中设定 order=3。

分离性能评估指标为各数据集分离信号的平均干信比(Average Interference to Source Ratio，$\mathrm{ISR_{AV}}$)，其表达式为

$$\mathrm{ISR_{AV}}=\frac{1}{KN(N-1)}\sum_{k=1}^{K}\sum_{N}|D_{m,n}^{[k]}|^2 \tag{6.15}$$

其中，$D_{m,n}^{[k]}$是全局矩阵$\boldsymbol{D}^{[k]}=\boldsymbol{W}^{[k]}\boldsymbol{A}^{[k]}$的第$(m,n)$个元素，这里假设没有顺序不确定性存在。由性能指标定义可知，$\mathrm{ISR_{AV}}$越小算法分离性能越好，当$\mathrm{ISR_{AV}}=0$时表示分离效果非常理想，能成功分离出各数据集中的源信号。在所有的仿真中，每条性能曲线为 100 次蒙特卡洛仿真的平均值。

图 6-1 和图 6-2 分别给出了三种算法的代价函数收敛性能曲线和分离结果的 ISR_{AV} 性能收敛曲线。从图中可以观察到，本章提出的算法收敛最快，基于牛顿法的 IVA 算法次之，基于梯度下降的算法收敛速度最慢。此外，当算法收敛时，本章所提算法的代价函数值和 ISR_{AV} 值都最小，这表明本章所提出的多数据集联合盲源分离算法在此三种算法中具有最好的分离性能。

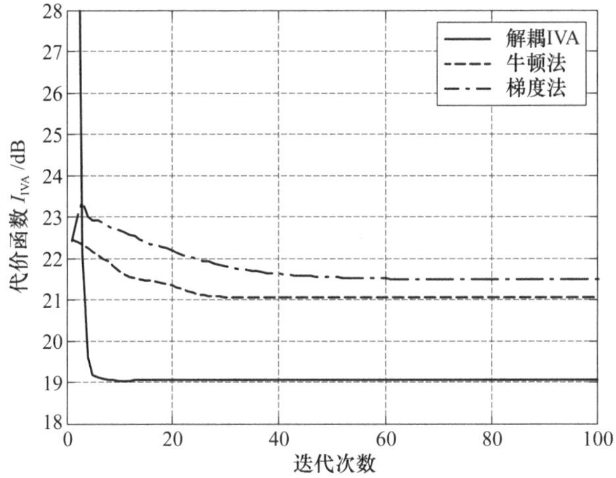

图 6-1 代价函数的收敛性能曲线($K=4, N=4, L=5\,000$)

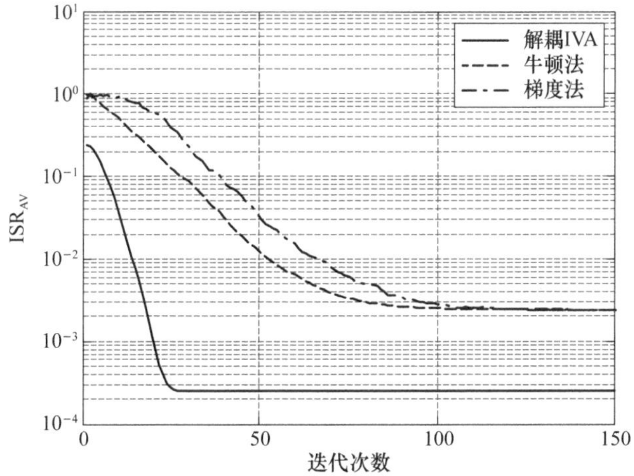

图 6-2 算法分离结果 ISR_{AV} 的性能收敛曲线($K=4, N=4, L=5\,000$)

图 6-3 给出了本章仿真条件下不同数据集个数对算法分离性能的影响。从图中可以观察到，三种算法的分离性能都随着数据集个数的增加而降低。同时，本章所提算法的分离性能在三种算法中是最好的。此外，本仿真也考虑了数据集中信号源个数对算法分离性能的影响。从图中可以看出，当源信号个数为 4、8 和 10

时，三种算法的分离结果几乎没有变化。这一结果与ICA算法在瞬时混合模型中的结果相同。

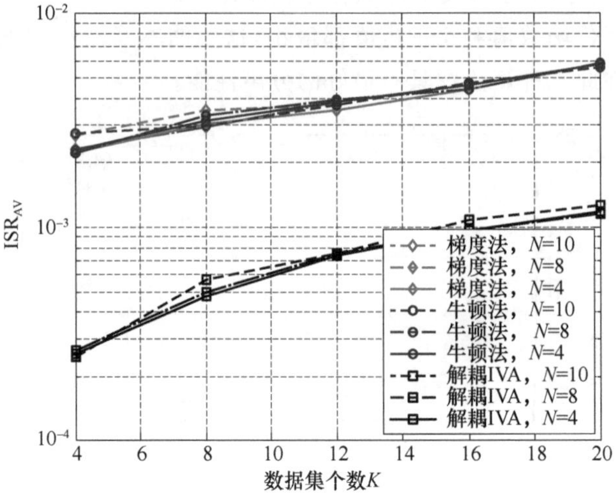

图6-3 不同数据集个数对算法性能ISR_{AV}的影响($N=4,8,10,L=5\ 000$)

图6-4给出了数据集中样本长度对三种算法分离信号的ISR_{AV}性能的影响。从图中可以看出，三种算法分离后的ISR_{AV}值随着样本长度的增加都在降低，且本章所提算法的ISR_{AV}值最低，这意味着本章算法分离效果最好。当信号样本长度小于1 000时，ISR_{AV}值下降速率最快，此时向量梯度法与牛顿法具有相似的分离性能。而随着样本长度的增加，样本数据集对算法性能的影响愈加明显。

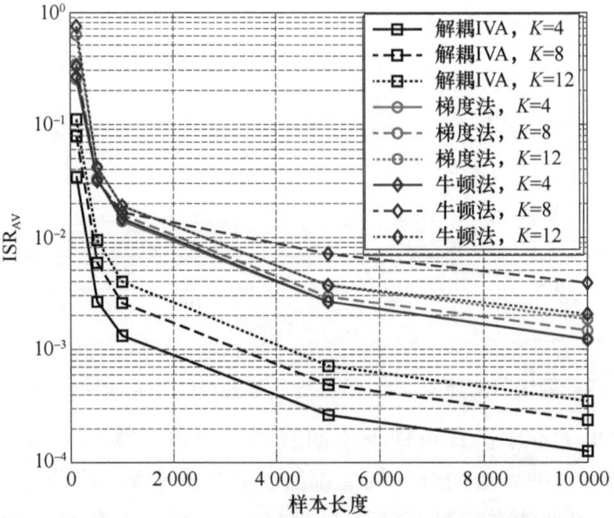

图6-4 数据集中不同样本长度对算法分离性能ISR_{AV}的影响($N=4,K=4,8,12$)

6.5 无正交受限的卷积盲分离算法

6.5.1 问题描述

假设有 N 个传感器和 N 个相互独立的源信号，源信号经卷积混合后第 n 个传感器接收到的混合信号为

$$\tilde{x}_n(m)=\sum_{j=1}^{N}\sum_{p=0}^{P-1}a_{nj}(p)\tilde{s}_j(m-p) \tag{6.16}$$

其中，$\tilde{s}_j(m)$是第 j 个时域源信号在时间 m 处的样本值，$a_{nj}(p)$是第 j 个源信号到第 n 个传感器传输信道的冲激响应抽头系数，P 是信道冲击响应的抽头阶数。对感知信号 $\tilde{x}_n(m)$做短时傅里叶变换，可得其频域信号

$$x_{n,t}^{[k]}=\sum_{m=0}^{K-1}\bar{\omega}(m)\tilde{x}_n(tJ+m)\mathrm{e}^{-\mathrm{j}\omega_k m} \tag{6.17}$$

其中，$\omega_k=2\pi(k-1)/K$，$k=1,2,\cdots,K$，J 是相邻两时间段偏移的样本点数，$\bar{\omega}(m)$是短时傅里叶变换的窗函数。如果窗函数 $\bar{\omega}(m)$的长度相较于信道冲激响应 $a_{nj}(p)$的阶数足够大，时域的卷积混合问题在频域就会表现出瞬时混合的形式，如下式所示：

$$x_{n,t}^{[k]}=\sum_{i=1}^{N}a_{ni}^{[k]}s_{i,t}^{[k]},\quad 1\leqslant k\leqslant K,1\leqslant t\leqslant L \tag{6.18}$$

其中，$a_{ni}^{[k]}$是信道冲击响应 $a_{nj}(p)$在频点 k 处的值，$s_{i,t}^{[k]}$是源信号 $\tilde{s}_i(m)$在第 t 个短时傅里叶变换窗里的第 k 个频点值，K 是短时傅里叶变换数据点数，L 是短时傅里叶变换窗口个数，这里的 K、L 分别对应于模型式(6.1)中的数据集个数和每个数据集中的样本长度。此时，就将时域卷积问题式(6.16)转化成了式(6.1)所给出的 IVA 问题。

6.5.2 算法描述

与 6.4.1 节相似，本小节也采用如式(6.2)所给出的基于最小互信息的代价函数。用于近似源信号概率密度函数的非线性函数为 $G:\mathbf{C}^{K\times 1}\mapsto\mathbf{R}^{1\times 1}$，其具体表达形式为

$$\begin{cases}H[\boldsymbol{y}_{n,t}]=E[G(\|\boldsymbol{y}_{n,t}\|^2)]\\G(u)=u^2\end{cases} \tag{6.19}$$

根据式(6.3)给出的矩阵优化方法，第 k 个频点的分离矩阵 $\boldsymbol{W}^{[k]}$ 的第 n 行元素

的更新方式可写为

$$\Delta \boldsymbol{w}_n^{[k]} = \boldsymbol{w}_{n,\text{new}}^{[k]} - \boldsymbol{w}_{n,\text{old}}^{[k]} = (\Delta \boldsymbol{v}^{\mathrm{H}} \boldsymbol{W}_{\text{old}}^{[k]})^{\mathrm{T}} \tag{6.20}$$

其中，$\Delta\boldsymbol{v}$ 是待优化向量 $\boldsymbol{v}$ 在 $\mathbf{0}$ 点处的微小扰动。与其对应的第 n 个源信号在第 t 个时间窗的频点 k 的估计值的变化为

$$\Delta y_{n,t}^{[k]} = (\Delta \boldsymbol{w}_n^{[k]})^{\mathrm{T}} \boldsymbol{x}_t^{[k]} = \Delta \boldsymbol{v}^{\mathrm{H}} \boldsymbol{W}_{\text{old}}^{[k]} \boldsymbol{x}_t^{[k]} = \Delta \boldsymbol{v}^{\mathrm{H}} \boldsymbol{y}_t^{[k]} \tag{6.21}$$

由于 $\det(\boldsymbol{W}_{\text{new}}^{[k]}) = (1+\Delta \boldsymbol{v}^{\mathrm{H}} \boldsymbol{e}_n)\det(\boldsymbol{W}_{\text{old}}^{[k]})$，代价函数的变化可写为

$$\Delta I_{\text{IVA}} = E[G(\| \boldsymbol{y}_{n,t} + \Delta y_{n,t}^{[k]} \boldsymbol{e}_k \|^2) - G(\| \boldsymbol{y}_{n,t} \|^2)] - \log|1+\Delta \boldsymbol{v}^{\mathrm{H}} \boldsymbol{e}_n| \tag{6.22}$$

此时利用 $G(\| \boldsymbol{y}_{n,t} + \Delta y_{n,t}^{[k]} \boldsymbol{e}_k \|^2)$ 和 $\log|1+\Delta \boldsymbol{v}^{\mathrm{H}} \boldsymbol{e}_n|$ 的二阶泰勒级数展开，式(6.22)所给出的代价函数的变化量可近似为

$$\Delta I_{\text{IVA}} \approx [\Delta \boldsymbol{v}^{\mathrm{H}} \quad \Delta \boldsymbol{v}^{\mathrm{T}}] \begin{bmatrix} \boldsymbol{f} \\ \boldsymbol{f}^* \end{bmatrix} + \frac{1}{2} [\Delta \boldsymbol{v}^{\mathrm{H}} \quad \Delta \boldsymbol{v}^{\mathrm{T}}] \begin{bmatrix} \boldsymbol{D}_0 & \boldsymbol{D}_1 \\ \boldsymbol{D}_1^* & \boldsymbol{D}_0^* \end{bmatrix} \begin{bmatrix} \Delta \boldsymbol{v} \\ \Delta \boldsymbol{v}^* \end{bmatrix} \tag{6.23}$$

其中，$\boldsymbol{f} = E[G'(\| \boldsymbol{y}_{n,t} \|^2)|_{y_{n,t}^{[k]}} \boldsymbol{y}_t^{[k]}] - \boldsymbol{e}_n$，$\boldsymbol{D}_0 = E[G''(\| \boldsymbol{y}_{n,t} \|^2)|_{y_{n,t}^{[k]}(y_{n,t}^{[k]})^*} \boldsymbol{y}_t^{[k]} (\boldsymbol{y}_t^{[k]})^{\mathrm{H}}]$，$\boldsymbol{D}_1 = E[G''(\| \boldsymbol{y}_{n,t} \|^2)|_{y_{n,t}^{[k]} y_{n,t}^{[k]}} \boldsymbol{y}_t^{[k]} \boldsymbol{y}_t^{[k]}] + \boldsymbol{e}_n \boldsymbol{e}_n^{\mathrm{H}}$，$G'(\| \boldsymbol{y}_{n,t} \|^2)|_{y_{n,t}^{[k]}}$ 和 $G''(\| \boldsymbol{y}_{n,t} \|^2)|_{y_{n,t}^{[k]}}$ 分别是 $G(\| \boldsymbol{y}_{n,t} \|^2)$ 关于 $y_{n,t}^{[k]}$ 的一阶和二阶偏导数。

对待优化参数 $\Delta\boldsymbol{v}$ 设计基于牛顿法的更新算法。该算法要求式(6.23)中的二次项系数矩阵 $\begin{bmatrix} \boldsymbol{D}_0 & \boldsymbol{D}_1 \\ \boldsymbol{D}_1^* & \boldsymbol{D}_0^* \end{bmatrix}$ 必须是正定的，但是在分离信号 $y_{n,t}^{[k]}$ 没有收敛到源信号 $s_{n,t}^{[k]}$ 之前，该矩阵可能不满足正定性的要求。因此，需要对算法中的参数计算进行修正以确保满足牛顿法对参数的要求。当分离信号 $y_{n,t}^{[k]}$ 收敛到源信号 $s_{n,t}^{[k]}$ 时，矩阵 $\boldsymbol{D}_0$ 和 $\boldsymbol{D}_1$ 都是对角阵，在算法更新过程中分别对 $\boldsymbol{D}_0$ 和 $\boldsymbol{D}_1$ 做如下近似：

$$\hat{\boldsymbol{D}}_0 = \operatorname{diag}\{E[G''(\| \boldsymbol{y}_{n,t} \|^2)|_{y_{n,t}^{[k]}(y_{n,t}^{[k]})^*} \boldsymbol{y}_t^{[k]} \circ (\boldsymbol{y}_t^{[k]})^*]\} \tag{6.24}$$

$$\hat{\boldsymbol{D}}_1 = \operatorname{diag}\{E[G''(\| \boldsymbol{y}_{n,t} \|^2)|_{y_{n,t}^{[k]} y_{n,t}^{[k]}} \boldsymbol{y}_t^{[k]} \circ \boldsymbol{y}_t^{[k]}] + \boldsymbol{e}_n\} \tag{6.25}$$

其中，$\operatorname{diag}\{\boldsymbol{d}\}$ 表示对角线元素向量 $\boldsymbol{d}$ 的矩阵。此时，向量 $\Delta\boldsymbol{v}$ 的第 i 个元素的 Hessian 矩阵为 $\begin{bmatrix} d_{0,i} & d_{1,i} \\ d_{1,i}^* & d_{0,i} \end{bmatrix}$，其中 $d_{0,i}$ 和 $d_{1,i}$ 分别是矩阵 $\hat{\boldsymbol{D}}_0$ 和 $\hat{\boldsymbol{D}}_1$ 的第 i 个对角线元素。为保证此 Hessian 矩阵是正定的，对矩阵中元素做如下修正：

$$d_{0,i} = \max[d_{0,i}, (1+\alpha)|d_{1,i}|] \tag{6.26}$$

其中，α 是很小的正常数，一般取 $\alpha=10^{-6}$。向量 $\Delta\boldsymbol{v}$ 的第 i 个元素的更新规则为

$$\Delta v_i = -\frac{d_{0,i} f_i - d_{1,i} f_i^*}{d_{0,i}^2 - |d_{1,i}|^2} \tag{6.27}$$

从算法的推导中可以看出，该算法没有限制分离矩阵的正交性，且由于分离矩阵中的各行向量是独立优化更新的，故没有分离误差累计现象发生。

6.5.3 仿真分析

首先,仿真实验本章所提算法是否能够正确分离出卷积混合的信号。本次仿真考虑两路语音信号卷积混合的情形,卷积混合模型如式(6.16)所示,卷积信道阶数设定为 $P=3$。对于每路混合信号,滑动窗函数设定为矩形窗,窗口大小为 1 024,相邻时间窗偏移量为 256 个样本点。图 6-5 给出了采用本章所提算法处理的两路卷积语音信号的分离结果。从图中可以看出,本章所提算法成功地将语音卷积信号分离。

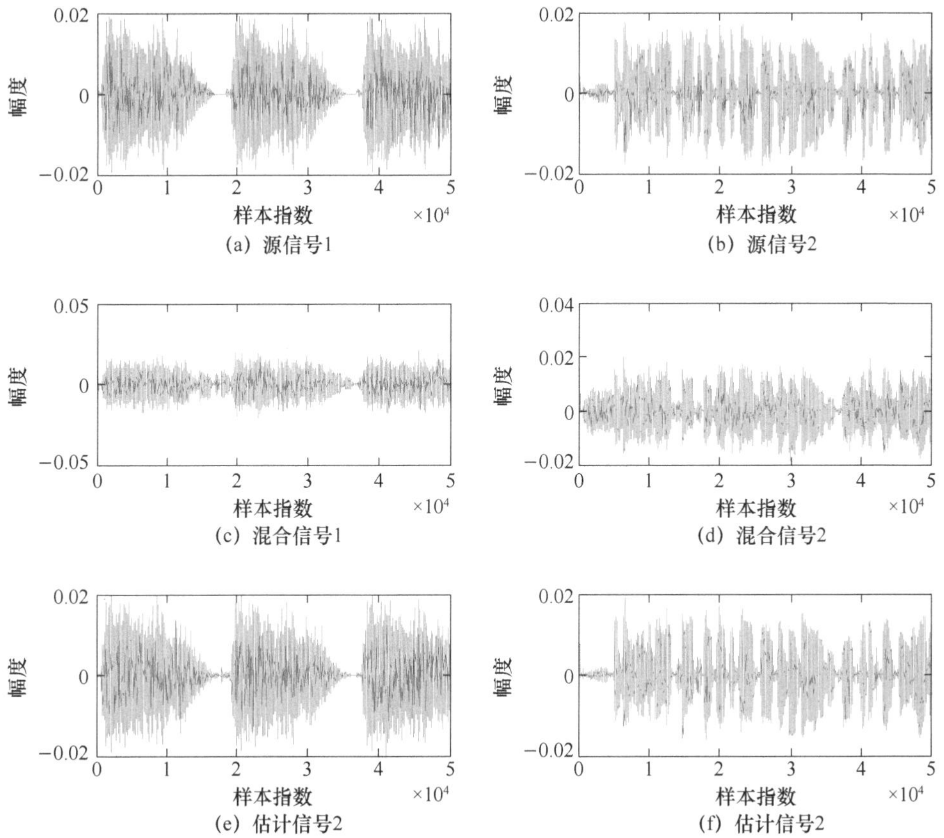

图 6-5 采用本章所提算法的卷积语音信号分离结果图

为了能够定量地比较本章所提出的解耦 IVA 算法与其他 IVA 算法的性能,接下来仿真分析不同 IVA 算法对多数据集复值信号混合的分离效果。多数据集复值信号的混合模型如式(6.1)所示,复值信号 SCV 按照模型式(6.28)生成,即

$$\boldsymbol{s}_{n,t}=\sum_{i=1}^{\beta}\boldsymbol{M}_{n,i}\boldsymbol{z}_{n,t-i} \tag{6.28}$$

其中，$\boldsymbol{M}_{n,i}$是大小为$K\times K$的复矩阵，$\boldsymbol{z}_{n,t-i}$是服从均匀分布且均值为零的矢量。在下面的仿真中设定$\beta=3$。

对本章所提算法与另外两种基于向量梯度学习和牛顿学习的 IVA 算法[72]进行仿真性能对比。仿真分离性能指标同式(6.15)一样。所有的仿真性能曲线均为100 次蒙特卡洛仿真的均值。

图 6-6 给出了三种算法 $\mathrm{ISR_{AV}}$分离性能收敛曲线。从图中可以看出，三种算法的收敛性能具有明显的差异。基于梯度学习的算法收敛速度最慢；而基于牛顿法的算法虽相较于基于梯度学习算法收敛速度有所提升，但最终收敛值趋于相同；本章所提的基于解耦的 *IVA* 算法不仅在收敛速度上相较于两种对比算法有所提升，而且收敛值也降低了许多，这意味着本章所提算法具有更好的分离性能，分离出的信号具有更低的平均干信比。

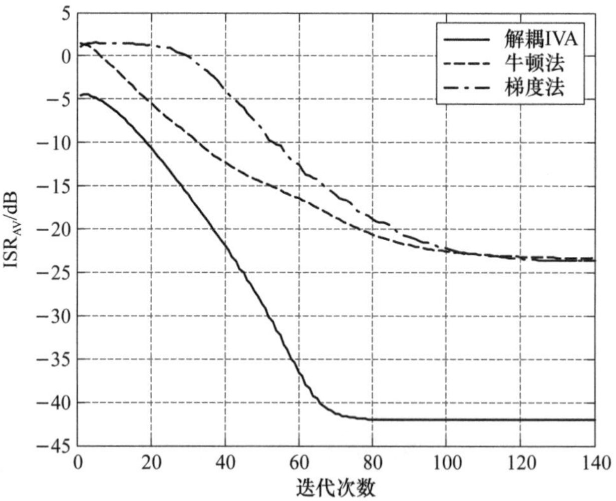

图 6-6 三种算法 $\mathrm{ISR_{AV}}$分离性能收敛曲线($K=4, N=4, L=3\,000$)

图 6-7 描述了在仿真信号模型为式(6.28)时不同数据集个数对算法分离性能的影响。从图中可以看出，本章所提出的解耦 IVA 算法具有最好的分离性能，分离性能指标 $\mathrm{ISR_{AV}}$相较于两种对比算法低 15～20 dB。此外，同实数多数据集的分离结果相似，数据集中源信号个数对分离性能的影响不明显。

图 6-8 给出了不同样本长度对算法分离性能的影响。从图中可以看出，数据集中样本长度越大，三种算法的分离指标 $\mathrm{ISR_{AV}}$越低，即分离效果越好。基于

梯度学习的算法和基于牛顿法的算法具有相似的分离性能，且它们的分离信号的平均干信比 ISR_{AV} 要高于本章所提出的解耦 IVA 算法 15～20 dB。从图中还可以看出，随着数据集中样本长度的增加，数据集个数对分离 ISR_{AV} 性能的影响越来越小。

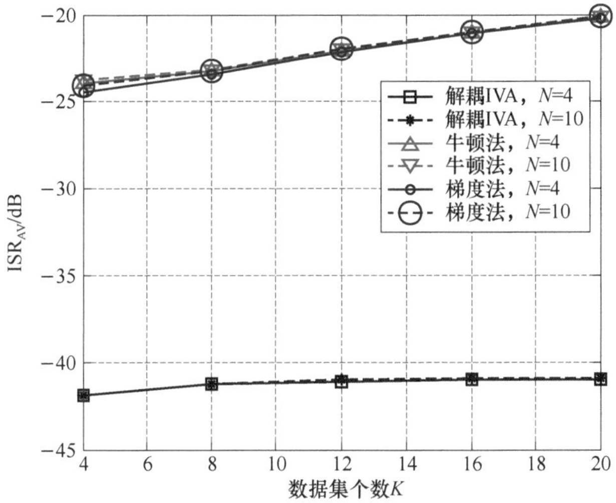

图 6－7 不同数据集个数对算法分离性能 ISR_{AV} 的影响（$N=4,10, L=3\,000$）

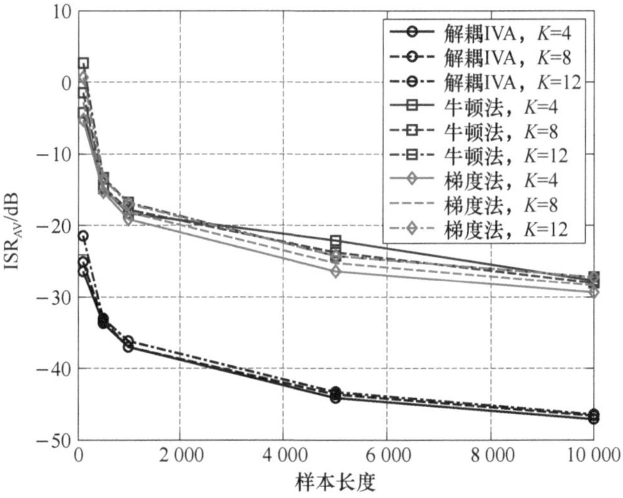

图 6－8 数据集中不同样本长度对算法分离性能 ISR_{AV} 的影响（$N=4, K=4,8,12$）

6.6 本章小结

本章针对频域卷积盲分离算法展开研究，主要研究了基于 IVA 的分离算法。首先，根据现有的 IVA 算法中普遍存在分离矩阵的正交性限制这一问题，提出了一种解耦的 IVA 算法，它解决了具有一定相关性的多数据集实信号联合盲源分离问题。此算法将矩阵优化问题分解为了一系列的向量优化问题，降低了矩阵优化算法推导的复杂度，且矩阵更新的计算复杂度也没有明显增加。然后，将上述解耦的 IVA 算法扩展到复数域，得到多数据集复值信号的联合分离算法，并将其应用于时域卷积的语音信号频域盲分离。最后，仿真结果验证了本章所提出的两种分离算法的有效性。

第 7 章

全双工通信系统中基于BSS的自干扰消除技术

在5G无线通信系统中，其主要性能指标之一是相较于4G网络提升10倍的频谱效率。这一目标将联合新的多址接入技术、调制技术及双工技术共同实现。其中，关于双工技术呼声最高的是同时同频全双工(CCFD)技术。CCFD技术是指收发天线同时工作在同一信道，这相较于传统的时分双工和频分双工模式在理论上能够提升两倍的频谱效率。若要使CCFD技术在实际系统中应用，有一个不得不解决的问题——自干扰(Self-Interference，SI)。本章主要研究数字域中的自干扰消除(Self-Interference Cancellation，SIC)技术。传统的数字域自干扰消除技术中未考虑本地发射端的非线性因素产生的影响。本章引入一条辅助接受链路消除本地发射端非线性因素对接收端自干扰消除的影响。此外，相较于传统的基于自干扰信号重构的干扰消除方法，本章将自干扰消除问题建模成盲源分离问题，通过将期望信号与自干扰信号分离的方式实现自干扰信号的消除。本章提出两种基于盲源分离的数字域自干扰消除算法。这两种算法分别适用于两种不同的应用场景——基于CCFD的卫星通信系统和地面无线通信系统。

7.1 引　言

参考文献[73]中指出，在无线通信系统中，收发信机在某一时刻只能在某一确定频带内发送或接收信号，而不能同时在同一频段收发信号，即工作在半双工(Half Duplex，HD)模式。这一工作模式导致了较大的频谱效率损失。最近几年，随着5G系统研究工作的不断推进，掀起了一股针对提高频谱效率的研究热潮，其中一项关注点较高的技术是CCFD技术。CCFD技术使得收发信机能够在同一时间同一频带内收发信号，它打破了参考文献[73]中对通信系统工作模式的限制，理论上可以将频谱效率提高到两倍。参考文献[74]研究了CCFD技术在5G网络中提高频谱效率和系统容量方面可能的应用前景。参考文献[75]研究了CCFD技术在异构网络D2D通信中的应用。参考文献[76]提出了一种基于CCFD技术的增强认知无线电频谱使用效率的新方案。参考文献[77]研究了移动CCFD设备收发信机中可能存在的挑战。上述文献中都强调了一个问题——本地自干扰消除是实现CCFD技术的关键问题。当CCFD收发信机工作时，本地发射机发送的信号一部分会被本地接收机收到，称之为自干扰信号。由于收发天线距离较近，本地自干扰信号功率相较于目标接收信号要高上千万倍甚至上亿倍。例如，WiFi系统中，平均的发送功率和噪声水平分别为20 dB和−90 dB，也就是说要实现110 dB的自干扰消除量才能确保CCFD接收机接收目标接收信号的质量[77]。而对于LTE系统，由于目标接收信号传播距离更远，这就要求接收机具有更高的自干扰抑制能力。如果接收机自干扰抑制能力未达到要求,那么残余的自干扰信号将会严重影响系统的吞吐量。

在CCFD通信系统中,由于自干扰信号是本地发射机发送的信号,所以对本地接收机来说,自干扰信号可视为已知的。这样从直观上来看,本地接收机的自干扰抑制应非常容易实现,只要在接收信号中直接减去自干扰信号即可。然而,实际并不是那么容易。尽管本地接收机已知本地发射信号的基带信号,但是在传输链路中信号会受到各种各样的损伤,比如线性或非线性失真(非理想模拟器件产生的立方或高阶失真,如功率放大器)、加性噪声、晶振偏移等。这些损伤使得接收信号存在线性和非线性失真成分,显然直接从接收信号中减去理想基带发送信号是不可取的。

近来,有一些学术团体已开始对CCFD通信系统中的自干扰抑制问题开展研究,包括学术上的研究和实际工程实现研究。令人兴奋的是,其中一些研究成果显示,在实验室条件下基于CCFD的无线通信是可以实现的。有文献表明[78],CCFD无线通信系统相较于半双工模式能够提升到1.9倍的系统吞吐量。尽管在实验室条件下已取得了一些令人兴奋的结果,但如参考文献[78]中所提到的那样,自干扰始终是限制CCFD技术推向实用的关键因素。本章将继续深入研究CCFD通信系统中的自干扰消除问题。

目前关于CCFD通信系统中的自干扰消除技术可以分为两类:被动消除和主动消除。被动消除方法主要包括信号传播方向的自干扰抑制和天线隔离。利用天线传输的有向性及增加收发天线之间的距离可以降低本地接收天线收到的本地自干扰信号的强度。采用被动的自干扰消除方法能达到25～40 dB的自干扰抑制。在主动自干扰消除方法中,自干扰信号被重构并从接收信号中减去。根据信号处理的阶段不同可以分为模拟域和数字域自干扰消除。

一般来说,模拟消除技术在射频域实现,以防止接收信号功率太高使接收机元器件过饱和。如果模数转换器ADC的输入信干比(Signal-to-Interference Ratio,SIR)低于某一确定值,目标信号会遭受严重的量化失真。也有文献在基带实施模拟干扰消除[80],但考虑到商业成本问题且基带模拟消除的能力也并不明确,所以关于基带模拟消除的研究并不常见。模拟干扰消除技术能够达到18～40 dB的自干扰消除能力。综上,被动式的自干扰消除和主动式模拟域的自干扰消除总共能够抑制43～80 dB的自干扰信号。虽然大部分的自干扰信号已经被消除了,但仍需要再消除几十分贝的自干扰信号才能使最终残余的自干扰信号功率与噪声功率接近,这样本地自干扰信号才不会严重恶化目标信号的接收检测。经模拟自干扰消除后残余的自干扰信号将会在数字域进行处理。数字干扰消除相对于模拟干扰消除更加灵活,它可以方便地估计出自干扰信道并重构自干扰信号,进而实现干扰消除。

本章主要针对数字的自干扰消除进行研究。模拟域的自干扰消除方法只能抑制直射成分(Line of Sight,LOS)的自干扰信号。数字自干扰消除可以实现自干扰信号非直射成分(non-LOS)的消除。非直射成分的自干扰信道可以用 FIR 滤波器建模。参考文献[83]提出在频域估计自干扰信道系数。参考文献[84]提出一种两步最小二乘(Least Square,LS)的自干扰信道估计算法。参考文献[85]研究了 CCFD 中继和 MIMO 收发信机中基于 LS 方法的自干扰消除算法。然而,在这些文献中,没有考虑收发信机器件的非理想特性。参考文献[86]中将本地发射机的非理想特性当作白噪声处理。参考文献[81]、[85]、[87]、[88]研究了晶振引起的相位噪声对干扰消除的影响。这些研究结果表明,相位噪声会影响自干扰消除效果,若收发信机使用同一个晶振可使干扰消除效果提升 25 dB 左右。但是,如参考文献[82]中讨论的那样,相位噪声的影响太小了不足以成为 CCFD 技术实现的瓶颈问题。参考文献[77]、[89]研究了可能引起失真的因素,包括非线性失真、I/Q 不平衡等。参考文献[77]、[89]～[92]中的研究结果表明,由本地发射机中功率放大器非线性特性所产生的自干扰信号成分是限制 CCFD 通信的关键瓶颈问题。

因此,在本章的研究中将考虑由本地发射机非线性特性引起的自干扰信号成分,并在数字信号处理阶段消除其干扰。此外,由于本章考虑的是数字域信号处理,故 ADC 器件的输入信干噪比 SINR 会直接影响目标接收信号的量化误差。本章将分析这一量化误差对 CCFD 接收机性能的影响。本章具体的研究工作有:考虑到本地发射信号存在模拟器件非理想特性损伤,本章引入一种射频辅助接收链路,将辅助链路接收信号分别在射频域和数字域作为参考信号辅助完成自干扰消除任务。参考文献[82]中囿于采用一般的自干扰消除方法能力有限,采用了两步判决反馈迭代自干扰消除的方式实现自干扰消除:第一步采用最小二乘的方法估计自干扰信道,而后重构自干扰信号,实现部分自干扰信号的消除;第二步将第一步中估计的期望信号进行译码判决并反馈回信道估计器估计期望信号信道,在该步骤的输入信号中减去重构的期望信号,并作为第一步的输入信号开始新的迭代,直至自干扰消除量满足目标值。由此可见,该方法较为复杂。本章通过引入辅助接收链路,经过一些公式变换和推导,将自干扰消除问题转变成盲源分离问题,实现期望信号与自干扰信号分离,进而达到自干扰信号消除的目的。针对两种不同的自干扰信道模型,提出了两种不同的基于 BSS 的解决方案。仿真结果显示,本章所提方案性能明显优于基于 LS 准则的方案。

7.2　CCFD 无线通信系统模型

本节首先从自干扰的角度介绍 CCFD 收发信机的基本原理;然后根据 CCFD 在不同场景中的应用分析自干扰信道模型;最后分析考虑收发信机非理想特性损伤和信道影响时的信号模型。

7.2.1　CCFD 收发信机基本原理

图 7-1 所示为 CCFD 设备的基本配置框图,其中收发天线工作在同一频段,可同时收发数据。本地接收天线接收到的信号成分有三种:目标期望信号、本地发射天线发送的信号以及噪声。显然,如不进行自干扰消除,接收机是无法正确检测目标期望信号的。

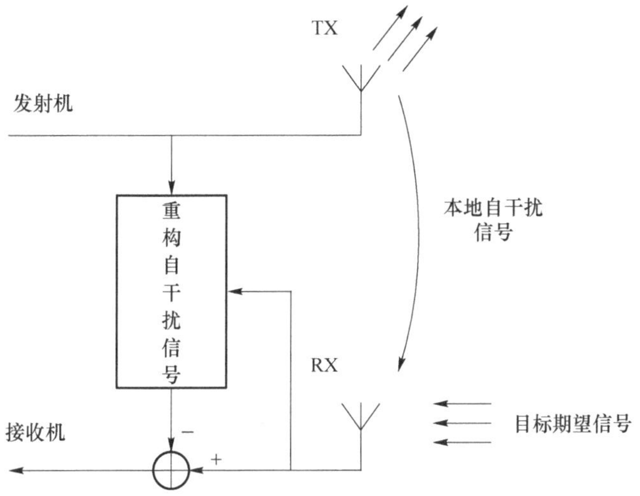

图 7-1　CCFD 设备的基本配置框图

图 7-2 给出了本章采用的新的 CCFD 收发信机详细的结构框图。如图中所示,新的收发信机由一条发送链路和一条新的接收链路组成。新的接收链路包括一条普通的接收链路、一个射频自干扰消除模块和一条辅助接收链路。在发送端,信号经调制模数转换后上变频至射频频段。之后经带通滤波、功率放大后发射。其中,功分器将一部分射频信号能量分给射频自干扰消除模块和辅助接收链路,作为参考信号用于自干扰消除。由于辅助接收链路的输入信号功率可由发射链路中的功分器控制,故辅助链路中可省去低噪声放大器(Low Noise Amplifier,LNA)的使用。如参考文献[78]中所述,射频自干扰消除模块主要抑制自干扰信号的 LOS

成分。两个接收链路同发射链路共用同一个本地振荡器(Local Oscillator,LO)。辅助链路接收的参考信号和经射频自干扰消除后的残余信号分别下变频得到两路基带信号。最后利用盲源分离算法从两路基带信号中抽取出目标期望信号。

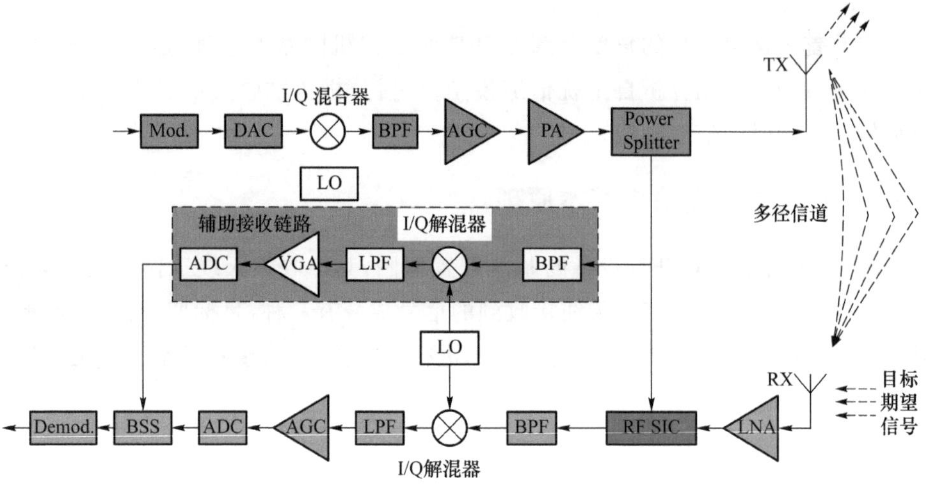

图 7-2 CCFD 收发信机结构框图

上述的收发信机采用的是两个天线分别独立作为接收天线和发射天线,也可以仅采用一根天线同时收发数据。由于天线个数不是本章研究的重点,为方便表述,本章仅考虑上述双天线的结构。

7.2.2 自干扰信道模型

在本节中主要针对两种应用场景——卫星通信和地面无线通信,分析讨论它们的自干扰信道模型。

一般来说,自干扰信号主要包含两个部分:一是从发射天线直接传播至接收天线的 LOS 成分,二是发射信号经多径传播的 non-LOS 成分。对于 CCFD 卫星通信系统来说,由于星上终端处在广阔的太空空间周围没有遮挡物,所以其自干扰信号仅包含 LOS 成分。而地面通信终端则根据其工作频段的不同其自干扰信号成分不尽相同。比如,当地面终端工作在 C 波段以上频率时,天线的指向性较强,具有较窄的波束,所以自干扰信号中几乎没有多径成分(即仅存在 LOS 成分);而对于工作在 UHF 频段的通信终端,天线波束较宽,存在较为明显的多径现象。对于地面无线通信来说,自干扰信号中 non-LOS 成分占有很大的比例。对含有多径成分的信道可将其建模为 FIR 滤波器模型。

7.2.3 信号模型

在本章中，考虑的 CCFD 收发信机中信号的损伤主要来源于发射机功率放大器的非线性特性、接收机的量化噪声以及接收到的高斯噪声信号。由于其他器件不是功率效能器件，本章假设其不存在非线性工作特性。为便于分析，以下全部采用基带等效信号模型分析。

经数模变换 DAC 之后的复基带等效信号定义为 $x(t)$。信号经发射机 I/Q 混合器时可能会产生 I/Q 不平衡现象[93]，I/Q 混合器输出的信号为

$$x_T^{\mathrm{IQ}}(t)=g_{1,T}x(t)+g_{2,T}x^*(t) \tag{7.1}$$

其中，$(\bullet)^*$ 表示求复共轭运算，$g_{1,T}$ 和 $g_{2,T}$ 分别是线性增益和镜像增益。信号经带通滤波器和功率放大器后发射。本章中假设滤波器的带内特性是非常平坦的。对于任何的非线性运算，其输出都可以用一个关于输入的多项式函数表示[94]。在实际应用中，用于描述功率放大器非线性特性的典型函数是立方函数[95]。功率放大器的输出信号可表述为[96]

$$x_T^{\mathrm{PA}}(t)=\alpha_0 x_T^{\mathrm{IQ}}(t)+\alpha_1 x_T^{\mathrm{IQ}}(t)\left|x_T^{\mathrm{IQ}}(t)\right|^2 \tag{7.2}$$

其中，α_0 和 α_1 定义为线性增益和三阶成分的非线性增益。

信号经发射天线输出以后，一部分信号被本地接收天线接收，自干扰产生。接收天线接收到的信号为

$$r_R^{\mathrm{RF}}(t)=h_{\mathrm{SI}}(t)\otimes x_T^{\mathrm{PA}}(t)+h_{\mathrm{soi}}(t)\otimes s(t)+n_{\mathrm{in}}(t) \tag{7.3}$$

其中，$\otimes$表示卷积运算，$s(t)$是目标接收信号，$h_{\mathrm{SI}}(t)$和 $h_{\mathrm{soi}}(t)$分别表示自干扰信道和目标信号传输信道的冲击响应，$n_{\mathrm{in}}(t)$是接收到的噪声信号。经射频自干扰消除后残余的信号可表述为

$$r_R^{\mathrm{Res}}(t)=f(t)\otimes x_T^{\mathrm{PA}}(t)+h_{\mathrm{soi}}(t)\otimes s(t)+n_{\mathrm{in}}(t) \tag{7.4}$$

其中，$f(t)$是残余的自干扰信道响应。而后，残余信号经低噪声放大器放大功率并输出

$$r_R^{\mathrm{LNA}}(t)=g_{\mathrm{LNA}}r_R^{\mathrm{Res}}(t)+n_{\mathrm{LNA}}(t) \tag{7.5}$$

其中，g_{LNA}是低噪声放大器的增益，$n_{\mathrm{LNA}}(t)$是其产生的噪声。同发射机中类似，在接收机的 I/Q 解混器中仍可能存在 I/Q 不平衡现象[93]，I/Q 解混后的信号可表述为

$$r_R^{\mathrm{IQ}}(t)=g_{1,R}r_R^{\mathrm{LNA}}(t)+g_{2,R}(r_R^{\mathrm{LNA}}(t))^* \tag{7.6}$$

其中，$g_{1,R}$和 $g_{2,R}$分别是 I/Q 解混器的同相增益和镜像增益。虽然 I/Q 不平衡可能会在收发链路中存在[93]，但是根据目前的器件精度，在 500 MHz～6 GHz 频段内镜像抑制比可达 60～80 dB[97]。所以，由 I/Q 混合器或解混器产生的镜像成分基本可以忽略。之后，信号 $r_R^{\mathrm{IQ}}(t)$由自动增益控制放大器(Automatic Gain Control,

AGC)将其功率调整至模数转换器 ADC 的动态工作范围。经 ADC 量化后的信号为

$$y(nT_s)=g_{\mathrm{AGC}}r_R^{\mathrm{IQ}}(nT_s)+n_{\mathrm{ADC}}(nT_s) \tag{7.7}$$

其中,T_s 表示 ADC 器件的采样周期间隔,g_{AGC} 是可变增益放大器的增益,$n_{\mathrm{ADC}}(nT_s)$是量化噪声。为使描述简洁,在下文中省去时间间隔符号 T_s。合并公式(7.4)~式(7.7),得到经射频自干扰消除后的基带数字信号为

$$y(n)=f_{\mathrm{SI}}(n)\otimes x_T^{\mathrm{PA}}(n)+f_{\mathrm{SOI}}(n)\otimes s(n)+n_a(n)+n_{\mathrm{ADC}}(n) \tag{7.8}$$

其中

$$f_{\mathrm{SI}}(n)=g_{\mathrm{AGC}}g_{1,R}g_{\mathrm{LNA}}f(n) \tag{7.9}$$

$$f_{\mathrm{SOI}}(n)=g_{\mathrm{AGC}}g_{1,R}g_{\mathrm{LNA}}h_{\mathrm{soi}}(n) \tag{7.10}$$

$$n_a(n)=g_{\mathrm{AGC}}g_{1,R}g_{\mathrm{LNA}}n_{\mathrm{in}}(n)+g_{\mathrm{AGC}}g_{1,R}n_{\mathrm{LNA}}(n) \tag{7.11}$$

此时,基带信号中不同信号成分的功率可表述为

$$\begin{aligned}p_{\mathrm{SI}}&=E[|g_{\mathrm{AGC}}g_{1,R}g_{\mathrm{LNA}}f(n)|^2]p_T\\&=|g_{\mathrm{AGC}}|^2\,|g_{1,R}|^2\,|g_{\mathrm{LNA}}|^2E[|f(n)|^2]p_T\end{aligned} \tag{7.12}$$

$$\begin{aligned}p_{\mathrm{SOI}}&=E[|g_{\mathrm{AGC}}g_{1,R}g_{\mathrm{LNA}}h_{\mathrm{soi}}(n)|^2]p_s\\&=|g_{\mathrm{AGC}}|^2\,|g_{1,R}|^2\,|g_{\mathrm{LNA}}|^2E[|h_{\mathrm{soi}}(n)|^2]p_s\end{aligned} \tag{7.13}$$

$$\begin{aligned}p_{n_a}&=E[|g_{\mathrm{AGC}}g_{1,R}g_{\mathrm{LNA}}n_{\mathrm{in}}(n)+g_{\mathrm{AGC}}g_{1,R}n_{\mathrm{LNA}}(n)|^2]\\&=|g_{\mathrm{AGC}}|^2\,|g_{1,R}|^2\,|g_{\mathrm{LNA}}|^2p_{n_{\mathrm{in}}}+|g_{\mathrm{AGC}}|^2\,|g_{1,R}|^2p_{n_{\mathrm{LNA}}}\end{aligned} \tag{7.14}$$

$$p_{n_{\mathrm{ADC}}}=\frac{p_{\mathrm{SI}}+p_{\mathrm{SOI}}+p_{n_a}}{\mathrm{SNR}_{\mathrm{ADC}}} \tag{7.15}$$

其中,$E[\cdot]$定义为求期望运算,p_T、p_s、$p_{n_{\mathrm{in}}}$ 和 $p_{n_{\mathrm{LNA}}}$ 分别是信号 $x_T^{\mathrm{PA}}(n)$、$s(n)$、$n_{\mathrm{in}}(n)$和 $n_{\mathrm{LNA}}(n)$的功率,$p_{n_{\mathrm{ADC}}}$是量化噪声功率。模/数转换器件的输出信噪比定义为[98]

$$\mathrm{SNR}_{\mathrm{ADC}}=10^{(6.02b+4.76-\mathrm{PAPR})/10} \tag{7.16}$$

其中,b 是量化比特位数,PAPR 是输入信号的峰值平均功率比(单位为 dB)。

辅助接收链路的数字基带信号为

$$x_{\mathrm{Aux}}(n)=\varepsilon x_T^{\mathrm{PA}}(n)+n_{\mathrm{ADC}}^{\mathrm{Aux}}(n) \tag{7.17}$$

其中,$\varepsilon=\varepsilon_0 g_{\mathrm{AGC}}g_{1,R}$,$\varepsilon_0$ 是功分器的分配因子,$n_{\mathrm{ADC}}^{\mathrm{Aux}}(n)$是辅助接收链路的量化噪声。

7.3 基于 BSS 的基带数字域 CCFD 自干扰消除算法

在本节中,将介绍两种基于 BSS 的数字自干扰消除算法,可用于 CCFD 卫星通信系统和 CCFD 地面无线通信系统。

7.3.1 仅含有 LOS 成分的数字自干扰消除

在本小节中，考虑自干扰信号仅包含 LOS 成分时的情形。两条接收链路的信号写成矩阵形式为

$$\boldsymbol{R}(n)=\boldsymbol{M}\begin{bmatrix}x_T^{\mathrm{PA}}(n)\\ s(n)\end{bmatrix}+\begin{bmatrix}\xi(n)\\ n_{\mathrm{ADC}}^{\mathrm{Aux}}(n)\end{bmatrix} \tag{7.18}$$

其中，$\xi(n)=n_a(n)+n_{\mathrm{ADC}}(n)$，$\boldsymbol{R}(n)=[y(n)\quad x_{\mathrm{Aux}}(n)]^{\mathrm{T}}$，$\boldsymbol{M}=\begin{bmatrix}f_{\mathrm{SI}} & f_{\mathrm{SOI}}\\ \varepsilon & 0\end{bmatrix}$。

盲源分离算法的目标是寻找一个分离矩阵 $\boldsymbol{B}$，使得接收信号经此线性变换后，得到源信号的一个估计，估计的源信号可表述为

$$\boldsymbol{E}(n)=\boldsymbol{BR}(n) \tag{7.19}$$

其中，$\boldsymbol{E}(n)$是接收信号矢量$[x_T^{\mathrm{PA}}(n)\quad s(n)]^{\mathrm{T}}$的估计。理想情况下，当式(7.18)中没有噪声时，$\boldsymbol{B}$ 是混合矩阵 $\boldsymbol{M}$ 的逆，但这是很难达到的。所以，一般当 $\boldsymbol{BM}$ 是一个广义置换矩阵时，就认为完成了估计。

式(7.18)是典型的盲源分离问题，其中 $\boldsymbol{R}(n)$、$\begin{bmatrix}x_T^{\mathrm{PA}}(n)\\ s(n)\end{bmatrix}$、$\boldsymbol{M}$ 分别对应于盲源分离问题中的观测信号矢量、源信号矢量和混合矩阵。采用第 4.4 节中所提出的 CARGA 算法估计分离矩阵 $\boldsymbol{B}$ 进而实现自干扰信号与目标期望信号的分离。

由于辅助接收信号 $x_{\mathrm{Aux}}(n)$是已知的，所以可以通过计算分离出的两路估计信号与辅助接收信号 $x_{\mathrm{Aux}}(n)$的相关系数来消除盲源分离算法产生的分离顺序不确定性。不失一般性，假设估计出的目标期望信号 $\hat{s}(n)=\boldsymbol{B}_{1,:}\boldsymbol{Z}(n)$，将式(7.18)代入此式，可得

$$\begin{aligned}\hat{s}(n)&=[\boldsymbol{B}_{1,1},\boldsymbol{B}_{1,2}]\boldsymbol{M}\begin{bmatrix}x_T^{\mathrm{PA}}(n)\\ s(n)\end{bmatrix}+[\boldsymbol{B}_{1,1},\boldsymbol{B}_{1,2}]\begin{bmatrix}\xi(n)\\ n_{\mathrm{ADC}}^{\mathrm{Aux}}(n)\end{bmatrix}\\ &=[\boldsymbol{B}_{1,1}f_{\mathrm{SI}}+\varepsilon\boldsymbol{B}_{1,2},\boldsymbol{B}_{1,1}f_{\mathrm{SOI}}]\begin{bmatrix}x_T^{\mathrm{PA}}(n)\\ s(n)\end{bmatrix}+[\boldsymbol{B}_{1,1},\boldsymbol{B}_{1,2}]\begin{bmatrix}\xi(n)\\ n_{\mathrm{ADC}}^{\mathrm{Aux}}(n)\end{bmatrix}\end{aligned} \tag{7.20}$$

此时，估计信号中各成分的功率分别为

$$p_{\mathrm{RSI}}=E[|\boldsymbol{B}_{1,1}f_{\mathrm{SI}}+\varepsilon\boldsymbol{B}_{1,2}|^2]p_T \tag{7.21}$$

$$p_{\mathrm{RSOI}}=E[|\boldsymbol{B}_{1,1}f_{\mathrm{SOI}}|^2]p_s \tag{7.22}$$

$$p_\xi=p_{n_a}+p_{n_{\mathrm{ADC}}} \tag{7.23}$$

$$p_{R\xi}=E[|\boldsymbol{B}_{1,1}|^2]p_\xi+E[|\boldsymbol{B}_{1,2}|^2]p_{n,\mathrm{Aux}} \tag{7.24}$$

7.3.2 含有 non-LOS 成分的数字自干扰消除

在这一情形下，自干扰信道和目标期望信号所经历的多径信道都建模为 FIR

滤波器模型。式(7.8)可以重写为如下形式：

$$y(n)=\sqrt{p_{\mathrm{SI}}}\boldsymbol{f}_{\mathrm{SIe}}^{\mathrm{T}}\boldsymbol{x}(n)+\boldsymbol{f}_{\mathrm{SOI}}^{\mathrm{T}}\boldsymbol{s}(n)+\xi(n) \tag{7.25}$$

其中，$\boldsymbol{f}_{\mathrm{SIe}}=[f_{\mathrm{SIe}}(0),f_{\mathrm{SIe}}(1),\cdots,f_{\mathrm{SIe}}(L-1)]^{\mathrm{T}}$，$\boldsymbol{f}_{\mathrm{SOI}}=[f_{\mathrm{SOI}}(0),f_{\mathrm{SOI}}(1),\cdots,f_{\mathrm{SOI}}(L-1)]^{\mathrm{T}}$，$L$ 定义为信道滤波器阶数，$[\bullet]^{\mathrm{T}}$ 定义为转置运算，$\boldsymbol{x}(n)=[x_T^{\mathrm{PA}}(n),x_T^{\mathrm{PA}}(n-1),\cdots,x_T^{\mathrm{PA}}(n-L+1)]^{\mathrm{T}}$，$E[|\boldsymbol{f}_{\mathrm{SIe}}^{\mathrm{T}}\boldsymbol{x}(n)|^2]=1$，$\boldsymbol{s}(n)=[s(n),s(n-1),\cdots,s(n-L+1)]^{\mathrm{T}}$。结合式(7.17)和式(7.25)，接收信号数据可以表述为

$$\boldsymbol{R}(n)=\begin{bmatrix}\sqrt{p_{\mathrm{SI}}}\boldsymbol{f}_{\mathrm{SIe}}^{\mathrm{T}}\boldsymbol{x}(n)+\boldsymbol{f}_{\mathrm{SOI}}^{\mathrm{T}}\boldsymbol{s}(n)\\ \varepsilon x_T^{\mathrm{PA}}(n)\end{bmatrix}+\begin{bmatrix}\xi(n)\\ n_{\mathrm{ADC}}^{\mathrm{Aux}}(n)\end{bmatrix} \tag{7.26}$$

由式(7.25)中信号矢量 $\boldsymbol{x}(n)$ 定义可知，$\boldsymbol{x}(n)$ 中元素为不同延时下的本地发送信号 $x_T^{\mathrm{PA}}(n)$。利用 FIR 滤波器 $\boldsymbol{f}_{\mathrm{SIe}}$ 对辅助链路接收信号进行滤波，式(7.26)可等价转换为

$$\bar{\boldsymbol{R}}(n)=\begin{bmatrix}\sqrt{p_{\mathrm{SI}}}\boldsymbol{f}_{\mathrm{SIe}}^{\mathrm{T}}\boldsymbol{x}(n)+\boldsymbol{f}_{\mathrm{SOI}}^{\mathrm{T}}\boldsymbol{s}(n)\\ \varepsilon\boldsymbol{f}_{\mathrm{SIe}}^{\mathrm{T}}\boldsymbol{x}(n)\end{bmatrix}+\begin{bmatrix}\xi(n)\\ \xi_{\mathrm{Aux}}(n)\end{bmatrix} \tag{7.27}$$

其中，$\xi_{\mathrm{Aux}}(n)=\sum\limits_{l=0}^{L}f_{\mathrm{SIe}}(l)n_{\mathrm{ADC}}^{\mathrm{Aux}}(n-l)$。式(7.27)可重写为如下形式：

$$\bar{\boldsymbol{R}}(n)=\begin{bmatrix}\sqrt{p_{\mathrm{SI}}} & 1\\ \varepsilon & 0\end{bmatrix}\begin{bmatrix}\boldsymbol{f}_{\mathrm{SIe}}^{\mathrm{T}}\boldsymbol{x}(n)\\ \boldsymbol{f}_{\mathrm{SOI}}^{\mathrm{T}}\boldsymbol{s}(n)\end{bmatrix}+\begin{bmatrix}\xi(n)\\ \xi_{\mathrm{Aux}}(n)\end{bmatrix} \tag{7.28}$$

虽然式(7.28)与式(7.18)非常相似，但是不能直接采用 7.3.1 节中的方法求解式(7.28)，因为自干扰信道系数向量 $\boldsymbol{f}_{\mathrm{SIe}}$ 是未知的。

正如 7.3.1 节中描述的那样，采用盲源分离方法求解本章问题的目标是寻找一个分离矩阵 $\boldsymbol{B}$，使得 $\boldsymbol{B}\begin{bmatrix}\sqrt{p_{\mathrm{SI}}} & 1\\ \varepsilon & 0\end{bmatrix}$ 是一个广义置换矩阵。容易得到分离矩阵 $\boldsymbol{B}$ 的一个具体解为

$$\boldsymbol{B}=\begin{bmatrix}0 & 1\\ 1 & \beta\end{bmatrix} \tag{7.29}$$

其中，$\beta=-\dfrac{\sqrt{p_{\mathrm{SI}}}}{\varepsilon}$。这样，盲分离问题就转化为估计参数 β 和 $\boldsymbol{f}_{\mathrm{SIe}}$。

采用参考文献[57]中所给出的基于 ICA 理论的代价函数

$$J=E[Q[\boldsymbol{B}_{1,:}\bar{\boldsymbol{R}}(n)]+Q[\boldsymbol{B}_{2,:}\bar{\boldsymbol{R}}(n)]] \tag{7.30}$$

其中，$Q(\bullet)$ 是一个平滑的实值可导偶函数。最大化此代价函数并且考虑到 $\boldsymbol{f}_{\mathrm{SIe}}$ 的限制条件，可以得到如下的优化问题：

$$\begin{cases}\underset{\beta,\boldsymbol{f}_{\mathrm{SIe}}}{\text{maximize}}\ J=E[Q[\boldsymbol{B}_{1,:}\bar{\boldsymbol{R}}(n)]+Q[\boldsymbol{B}_{2,:}\bar{\boldsymbol{R}}(n)]]\\ \text{s.t.}\quad E[|\boldsymbol{f}_{\mathrm{SIe}}^{\mathrm{T}}\boldsymbol{x}(n)|^2]=1\end{cases} \tag{7.31}$$

为了便于分析，假设 $E[\boldsymbol{x}(n)\boldsymbol{x}^{\mathrm{H}}(n)]=\boldsymbol{I}$（$[\cdot]^{\mathrm{H}}$ 定义为复共轭转置运算)，此时式(7.31)中的限制条件就变为 $\|\boldsymbol{f}_{\mathrm{SIe}}\|^2=1$，其中 $\|\cdot\|$ 定义为 Frobenius 范数。接下来，本小节给出一种基于梯度下降的交替优化算法求解式(7.31)。

令 $\boldsymbol{f}_{\mathrm{SIe}}(n)=\boldsymbol{f}_{\mathrm{SIe}}^{r}(n)+\mathrm{i}\boldsymbol{f}_{\mathrm{SIe}}^{i}(n)$，为便于推导，分别更新参数 $\boldsymbol{f}_{\mathrm{SIe}}(n)$ 的实部和虚部。下文中在不影响阅读的情况下将省略时间指数。优化问题式(7.31)重写为

$$\begin{cases}\underset{\beta,\boldsymbol{f}_{\mathrm{SIe}}}{\operatorname{maximize}} J=E\left[G(|\boldsymbol{f}_{\mathrm{SIe}}^{\mathrm{T}}\boldsymbol{x}_A|^2)+G(|y+\beta\boldsymbol{f}_{\mathrm{SIe}}^{\mathrm{T}}\boldsymbol{x}_A|^2)\right]\\ \text{s. t.}\quad \|\boldsymbol{f}_{\mathrm{SIe}}\|=1\end{cases}\tag{7.32}$$

其中，$\boldsymbol{x}_A(n)=[x_{\mathrm{Aux}}(n),x_{\mathrm{Aux}}(n-1),\cdots,x_{\mathrm{Aux}}(n-L+1)]^{\mathrm{T}}$。

目标函数 J 关于 $\boldsymbol{f}_{\mathrm{SIe}}$ 的梯度为

$$\nabla_f J=\nabla_f E\left[G(|\boldsymbol{f}_{\mathrm{SIe}}^{\mathrm{T}}\boldsymbol{x}_A|^2)\right]+\nabla_f E\left[G(|y+\beta\boldsymbol{f}_{\mathrm{SIe}}^{\mathrm{T}}\boldsymbol{x}_A|^2)\right]\tag{7.33}$$

式(7.33)等号右端第一项为

$$\begin{aligned}\nabla_f E\left[G(|\boldsymbol{f}_{\mathrm{SIe}}^{\mathrm{T}}\boldsymbol{x}_A|^2)\right]&=\begin{bmatrix}\dfrac{\partial}{\partial \boldsymbol{f}_{\mathrm{SIe}}^{r}(0)}\\ \dfrac{\partial}{\partial \boldsymbol{f}_{\mathrm{SIe}}^{i}(0)}\\ \vdots\\ \dfrac{\partial}{\partial \boldsymbol{f}_{\mathrm{SIe}}^{r}(L-1)}\\ \dfrac{\partial}{\partial \boldsymbol{f}_{\mathrm{SIe}}^{i}(L-1)}\end{bmatrix}E\left[G(|\boldsymbol{f}_{\mathrm{SIe}}^{\mathrm{T}}\boldsymbol{x}_A|^2)\right]\\ &=2\begin{bmatrix}E\left[\mathrm{Re}[\boldsymbol{f}_{\mathrm{SIe}}^{\mathrm{T}}\boldsymbol{x}_A\boldsymbol{x}_{A1}^{*}]g(|\boldsymbol{f}_{\mathrm{SIe}}^{\mathrm{T}}\boldsymbol{x}_A|^2)\right]\\ E\left[\mathrm{Im}[\boldsymbol{f}_{\mathrm{SIe}}^{\mathrm{T}}\boldsymbol{x}_A\boldsymbol{x}_{A1}^{*}]g(|\boldsymbol{f}_{\mathrm{SIe}}^{\mathrm{T}}\boldsymbol{x}_A|^2)\right]\\ \vdots\\ E\left[\mathrm{Re}[\boldsymbol{f}_{\mathrm{SIe}}^{\mathrm{T}}\boldsymbol{x}_A\boldsymbol{x}_{AL}^{*}]g(|\boldsymbol{f}_{\mathrm{SIe}}^{\mathrm{T}}\boldsymbol{x}_A|^2)\right]\\ E\left[\mathrm{Im}[\boldsymbol{f}_{\mathrm{SIe}}^{\mathrm{T}}\boldsymbol{x}_A\boldsymbol{x}_{AL}^{*}]g(|\boldsymbol{f}_{\mathrm{SIe}}^{\mathrm{T}}\boldsymbol{x}_A|^2)\}\right.\end{bmatrix}\end{aligned}\tag{7.34}$$

式(7.33)等号右端第二项为

$$\nabla_f E\left[G(|y+\beta\boldsymbol{f}_{\mathrm{SIe}}^{\mathrm{T}}\boldsymbol{x}_A|^2)\right]=\begin{bmatrix}\dfrac{\partial}{\partial \boldsymbol{f}_{\mathrm{SIe}}^{r}(0)}\\ \dfrac{\partial}{\partial \boldsymbol{f}_{\mathrm{SIe}}^{i}(0)}\\ \vdots\\ \dfrac{\partial}{\partial \boldsymbol{f}_{\mathrm{SIe}}^{r}(L-1)}\\ \dfrac{\partial}{\partial \boldsymbol{f}_{\mathrm{SIe}}^{i}(L-1)}\end{bmatrix}E\left[G(|y+\beta\boldsymbol{f}_{\mathrm{SIe}}^{\mathrm{T}}\boldsymbol{x}_A|^2)\right]$$

$$=2\beta\begin{bmatrix} E[\mathrm{Re}[(y+\beta \boldsymbol{f}_{\mathrm{SIe}}^{\mathrm{T}}\boldsymbol{x}_A)\boldsymbol{x}_{A1}^{*}]g(|y+\beta \boldsymbol{f}_{\mathrm{SIe}}^{\mathrm{T}}\boldsymbol{x}_A|^2)] \\ E[\mathrm{Im}[(y+\beta \boldsymbol{f}_{\mathrm{SIe}}^{\mathrm{T}}\boldsymbol{x}_A)\boldsymbol{x}_{A1}^{*}]g(|y+\beta \boldsymbol{f}_{\mathrm{SIe}}^{\mathrm{T}}\boldsymbol{x}_A|^2)] \\ \vdots \\ E[\mathrm{Re}[(y+\beta \boldsymbol{f}_{\mathrm{SIe}}^{\mathrm{T}}\boldsymbol{x}_A)\boldsymbol{x}_{AL}^{*}]g(|y+\beta \boldsymbol{f}_{\mathrm{SIe}}^{\mathrm{T}}\boldsymbol{x}_A|^2)] \\ E[\mathrm{Im}[(y+\beta \boldsymbol{f}_{\mathrm{SIe}}^{\mathrm{T}}\boldsymbol{x}_A)\boldsymbol{x}_{AL}^{*}]g(|y+\beta \boldsymbol{f}_{\mathrm{SIe}}^{\mathrm{T}}\boldsymbol{x}_A|^2)] \end{bmatrix} \tag{7.35}$$

给定 β，$\boldsymbol{f}_{\mathrm{SIe}}$基于梯度下降的更新规则为

$$\begin{cases} \boldsymbol{f}_{\mathrm{SIe}}=\boldsymbol{f}_{\mathrm{SIe}}+\mu_1\nabla_f J \\ \quad =\boldsymbol{f}_{\mathrm{SIe}}+\mu_1 E[\boldsymbol{f}_{\mathrm{SIe}}^{\mathrm{T}}\boldsymbol{x}_A\boldsymbol{x}_A^{*}g(|\boldsymbol{f}_{\mathrm{SIe}}^{\mathrm{T}}\boldsymbol{x}_A|^2)+ \\ \quad \beta(y+\beta \boldsymbol{f}_{\mathrm{SIe}}^{\mathrm{T}}\boldsymbol{x}_A)\boldsymbol{x}_A^{*}g(|y+\beta \boldsymbol{f}_{\mathrm{SIe}}^{\mathrm{T}}\boldsymbol{x}_A|^2)] \\ \boldsymbol{f}_{\mathrm{SIe}}=\dfrac{\boldsymbol{f}_{\mathrm{SIe}}}{\|\boldsymbol{f}_{\mathrm{SIe}}\|} \end{cases} \tag{7.36}$$

其中，μ_1 是收敛步长因子。

目标函数 J 关于 β 的梯度为

$$\begin{aligned} \nabla_\beta J &=\nabla_\beta E[G(|y+\beta \boldsymbol{f}_{\mathrm{SIe}}^{\mathrm{T}}\boldsymbol{x}_A|^2)] \\ &=2\beta E[(y+\beta \boldsymbol{f}_{\mathrm{SIe}}^{\mathrm{T}}\boldsymbol{x}_A)\boldsymbol{x}_A^{*}g(|y+\beta \boldsymbol{f}_{\mathrm{SIe}}^{\mathrm{T}}\boldsymbol{x}_A|^2)] \end{aligned} \tag{7.37}$$

给定 $\boldsymbol{f}_{\mathrm{SIe}}$，$\beta$ 基于梯度下降算法的更新规则为

$$\begin{aligned} \beta &=\beta+\mu_2\nabla_\beta J \\ &=\beta+\mu_2 E[\beta(y+\beta \boldsymbol{f}_{\mathrm{SIe}}^{\mathrm{T}}\boldsymbol{x}_A)\boldsymbol{x}_A^{*}g(|y+\beta \boldsymbol{f}_{\mathrm{SIe}}^{\mathrm{T}}\boldsymbol{x}_A|^2)] \end{aligned} \tag{7.38}$$

其中，μ_2 是收敛步长因子。交替计算式(7.36)和式(7.38)直到参数 $\boldsymbol{f}_{\mathrm{SIe}}$和 β 收敛即可求解优化问题式(7.31)。

一旦估计出参数 β 和 $\boldsymbol{f}_{\mathrm{SIe}}$，分离出的目标期望信号可表述为

$$\hat{s}(n)=(\sqrt{p_{\mathrm{SI}}}\boldsymbol{f}_{\mathrm{SIe}}^{\mathrm{T}}+\beta\hat{\boldsymbol{f}}_{\mathrm{SIe}}^{\mathrm{T}})\boldsymbol{x}(n)+\boldsymbol{f}_{\mathrm{SOI}}^{\mathrm{T}}\boldsymbol{s}(n)+\xi(n)+\beta\boldsymbol{\xi}_{\mathrm{Aux}}(n) \tag{7.39}$$

其中，$\hat{\boldsymbol{f}}_{\mathrm{SIe}}$是残余自干扰信道系数 $\boldsymbol{f}_{\mathrm{SIe}}$的估计。此时，估计出的目标期望信号中各信号成分的功率分别为

$$p_{R\mathrm{SI}}=E[\|\sqrt{p_{\mathrm{SI}}}\boldsymbol{f}_{\mathrm{SIe}}+\beta\hat{\boldsymbol{f}}_{\mathrm{SIe}}\|^2]p_T \tag{7.40}$$

$$p_{R\mathrm{SOI}}=E[\|\boldsymbol{f}_{\mathrm{SOI}}\|^2]p_s \tag{7.41}$$

$$p_{R\xi}=p_\xi+E[\|\beta\hat{\boldsymbol{f}}_{\mathrm{SIe}}\|^2]p_{n,\mathrm{Aux}} \tag{7.42}$$

7.4 仿真结果与性能分析

在本节将采用数值仿真方式验证本章所提出的两种数字自干扰消除方案的有

效性。考虑的 CCFD 通信系统的信号调制方式为 QPSK。仿真中，所有的信道抽头系数均为均值为零的独立同分布的高斯变量。每一条曲线均为 500 次蒙特卡洛仿真的统计均值。如果没有特殊说明，本节中部分仿真参数设定为：ADC 输入端的信噪比 SNR＝20 dB、PAPR＝10 dB，样本长度大小 N＝5 000。为描述方便，在下文中定义 Channel. 1 为自干扰信号中仅含有 LOS 成分，定义 Channel. 2 为自干扰信号中存在 non-LOS 成分。仿真中将传统的 LS 算法作为对比算法。

图 7－3 给出了 ADC 量化比特位数对本章所提出的两种数字自干扰消除方案效果的影响，各图仿真条件分别为：(a)在 Channel. 1 条件下，量化位数对干扰消除增益的影响，输入信干比为－10 dB；(b)在 Channel. 2 条件下，量化位数对自干扰信道估计误差的影响，输入信干比为－10 dB，自干扰信道阶数为 L＝3；(c) 在 Channel. 1 条件下，量化位数对输出信干噪比的影响；(d)在 Channel. 2 条件下，量化位数对输出信干噪比的影响。从图 7－3(a)中可以看出 ADC 量化比特位数对 Channel. 1

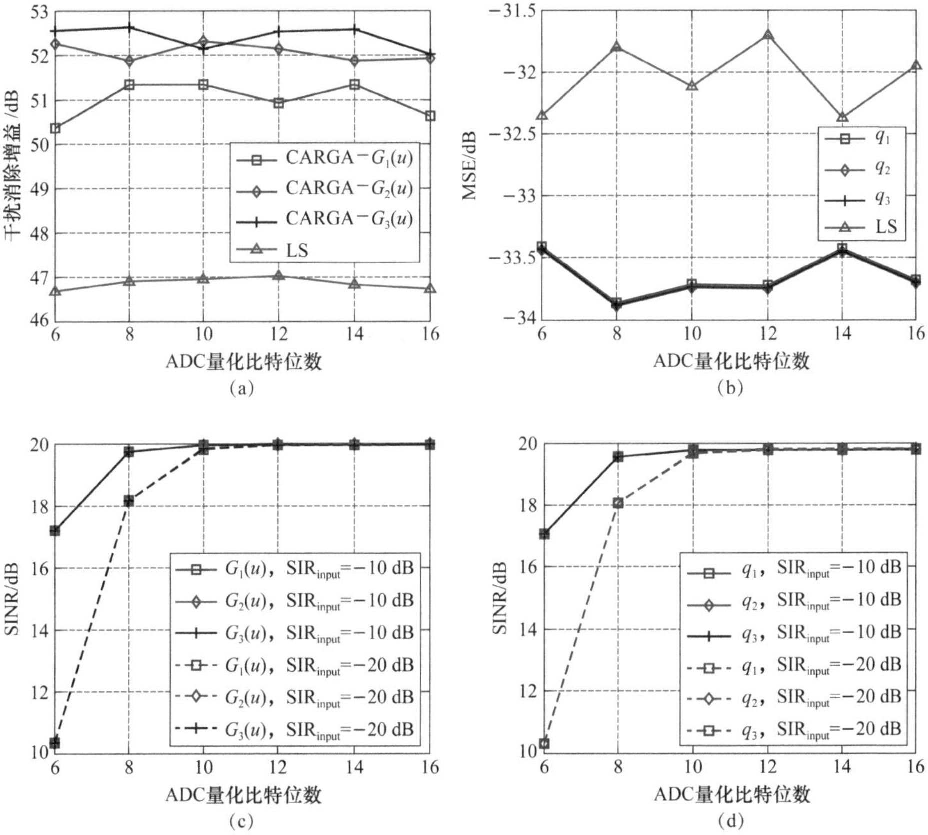

图 7－3　不同 ADC 量化比特位数对自干扰消除效果的影响

条件下的干扰消除效果影响较小，且本章所提方案若采用 4.4 节中的函数 $G_2(u)$ 和 $G_3(u)$，则其干扰消除性能要优于 LS 方法 4 dB 左右（图中干扰消除增益 $=\frac{\text{分离输出 SIR}}{\text{射频干扰消除后的 SIR}}$）。图 7-3(b)给出了 ADC 量化比特位数对 Channel.2 条件下的自干扰信道估计的影响。在地面无线通信中，多径信号的主成分有 3～6 个，本章中设定为 3。本章所选择的三种可微分函数对算法的估计性能没有明显的区别，并且其性能要优于 LS 方法。图 7-3(c)(d)给出了 ADC 量化比特位数对 Channel.1 和 Channel.2 条件下的干扰消除输出信干噪比的影响，并考虑了在不同射频自干扰消除残余的情况下本章所提方案的有效性。仿真中分别取经射频自干扰消除后信号中的信干比为 −10 dB 和 −20 dB 的情况。从图 7-3(c)(d)中可以看出 ADC 量化比特位数对干扰消除输出的信干噪比影响较大。当 ADC 量化比特位数较小时，干扰消除输出信号的信干噪比随着量化位数增加呈现出较快的增长趋势。这主要是因为在量化比特位数较小时，限制系统性能的主要因素是量化误差。当量化比特位数增加（也就是 ADC 量化误差减小），量化误差对系统性能的影响就会减小，此时限制系统性能的关键因素将不再是量化误差（可能是输入信干比等其他因素）。图 7-4 给出了在自干扰信号仅存在 LOS 成分、ADC 输入端的信噪比为 20 dB 时不同仿真条件下本章方案所得到的信号星座图，各图仿真条件分别为：(a) ADC 输入信干比为 −20 dB，量化比特位数为 6；(b) ADC 输入信干比为

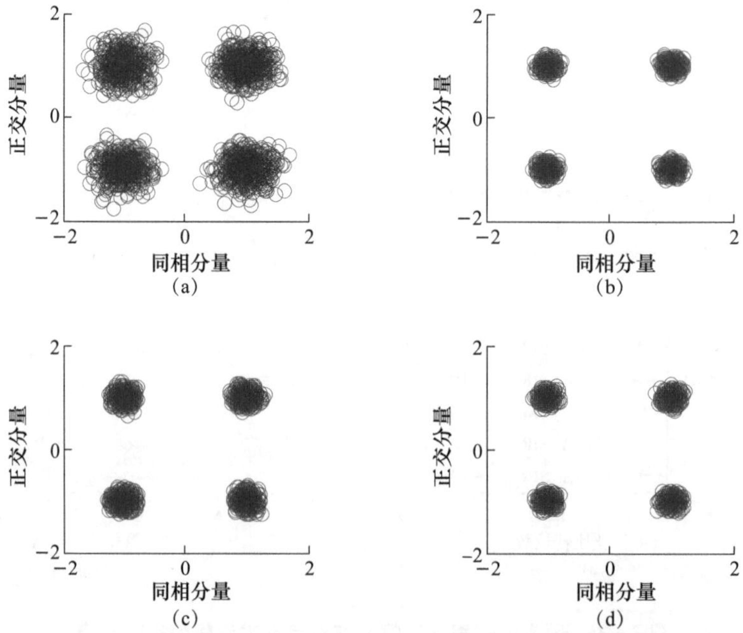

图 7-4　当自干扰信号仅存在 LOS 成分时，不同仿真条件下得到的信号星座图

−20 dB,量化比特位数为 14;(c)ADC 输入信干比为−10 dB,量化比特位数为 6;(d)ADC 输入信干比为−10 dB,量化比特位数为 14。从图中可以看出量化比特位数在低输入信干比时的影响要比高输入信干比时的影响大。图 7-3(c)中也显示当输入信干比从−20 dB 增加到−10 dB,ADC 量化比特位数可以减少 3 以达到相同的输出信干噪比。

图 7-5 给出了不同信干比条件下本章所提方案的性能曲线,各图仿真条件分别为:(a)当自干扰信号中仅存在 LOS 成分时,不同输入信干比对自干扰消除量的影响,ADC 量化比特位数为 14;(b) 当自干扰信号中存在 non-LOS 成分时,不同输入信干比对自干扰信道估计误差的影响,量化比特位数为 14,信道阶数 $L=3$。从图 7-5(a)中可以看出,当自干扰信号中仅存在 LOS 成分时,自干扰消除增益(dB)随输入信干比的增加几乎呈线性递减趋势,且本章采用函数 $G_2(u)$和$G_3(u)$的 CARGA 算法相较于 LS 方法性能约提升 5 dB。这说明,经自干扰消除后信号的信干比始终维持在一定水平,输入信干比对其影响较小。图 7-5(b)给出了在自干扰信号中存在 non-LOS 成分时,采用本章算法估计自干扰信道的性能曲线。从图中可以看出,输入信干比对信道估计结果影响较小,这主要是由于盲源分离算法对混合信号中各信号成分功率大小没有限制,只要源信号及混合矩阵满足实现盲源分离的条件就能将源信号分离。

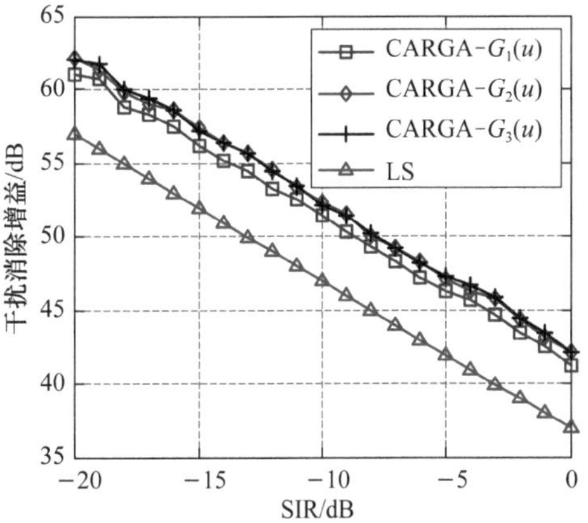

(a)

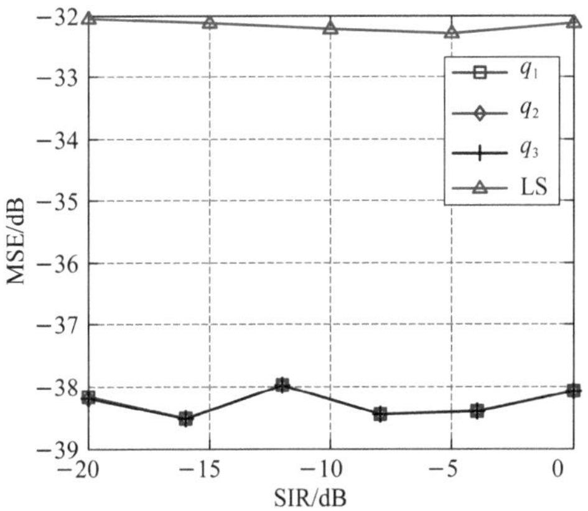

(b)

图 7-5 不同信干比条件下本章所提方案的性能曲线

图 7-6 给出了自干扰信号存在 non-LOS 成分时,不同信道阶数条件下自干扰信道估计误差的性能曲线,仿真条件为:量化比特位数为 14,输入信干比为−10 dB。从图中可以看出,信道估计误差随着信道阶数的增加而升高,且本章采用的三种不同的可微函数具有极为相似的性能,并相较于 LS 方法有 6 dB 左右的性能提升。

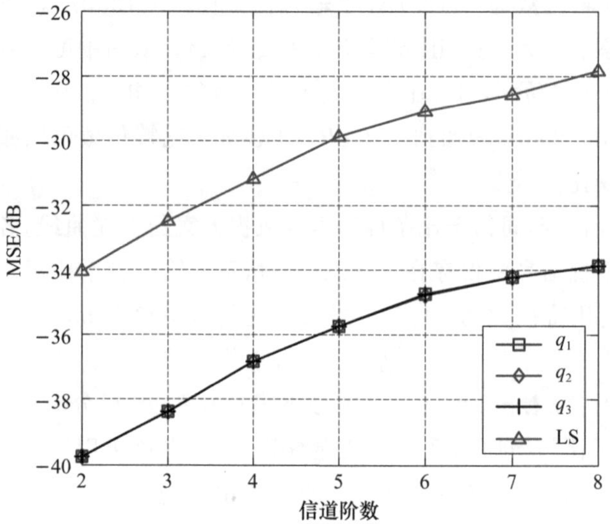

图 7-6 自干扰信号中存在 non-LOS 成分时，
不同信道阶数条件下自干扰信道估计误差的性能曲线

7.5 本章小结

本章提出了两种基于 BSS 的数字基带自干扰消除方法，这两种方法分别适用于两种不同的应用环境。第一种方法解决的是自干扰信号中仅存在 LOS 成分时的自干扰消除问题，如采用 CCFD 技术的卫星通信系统星上终端和工作在 C 频段以上的地面固定站。第二种方法解决的是自干扰信号中存在 non-LOS 成分时的自干扰消除问题，如采用 CCFD 技术的卫星通信地面移动终端和地面无线 CCFD 通信系统。这两种方法都考虑了发射端非线性因素的影响，从本地接收机引入了一条辅助接收链路，该接收链路的输入信号为本地发射机的射频信号，由此可不考虑发射机的非线性影响。在接收端，考虑了量化误差对干扰消除效果的影响。仿真结果显示，本章所提方法具有很好的自干扰消除性能。

第 8 章

总结与展望

8.1 总　结

BSS技术利用源信号在统计意义上的正交性，在源信号和混合矩阵参数未知的条件下实现了源信号的分离。该技术的发展为提高无线通信系统的频谱效率提供了技术支撑，为通信抗干扰技术的发展提供了新的思路。本书在现阶段BSS技术发展取得的成果基础上，结合源信号特性和传输信道特征对BSS问题及其在通信系统中的应用做了进一步研究，主要的研究思路是对通信信号的固有特征进行建模，并在该模型下分析混合系统对信号的影响，针对性地提出信号分离方法。具体研究工作可以从以下几个方面概述：

① 针对常用信号往往是非平稳的且具有时间结构特性，提出了一种线性瞬时混合条件下的实值非平稳信号盲分离算法。该算法考虑了非平稳信号的时间结构特性并利用AR-HMGP模型对其建模。相较于采用时变的自回归模型描述非平稳信号，AR-HMGP模型参数估计更为简单且该模型不但描述了信号的时间结构，还利用隐Markov高斯混合噪声驱动描述了信号的统计非平稳特性。在该源信号的数据生成模型下，基于最大似然准则构建了目标函数并采用期望最大化算法实现了源信号和混合矩阵的估计。

② 研究了瞬时混合条件下，具有时间结构的复值信号的盲分离问题。首先，利用复值信号的时间结构构建了一个基于广义自相关的对比函数，证明了该对比函数存在极值点的条件，利用自然梯度学习方法估计出了分离矩阵。进一步地，采用一阶复自回归模型对源信号建模，对上一算法进行改进，提出了一种基于一阶复自回归模型的广义自相关盲分离算法。该算法在利用信号延时广义自相关特性的基础上，还考虑了信号一阶复自回归模型的新息过程统计量对实现复值信号盲分离的影响，提高了信号分离精度。

③ 在前述研究的基础上，研究了采用宽线性滤波器模型描述具有时间结构的复值信号盲分离算法。该算法结合宽线性滤波器模型参数估计和矩阵联合对角化估计出分离矩阵，进而分离出源信号。同时提出了一种适用于该分离算法的复矩阵联合对角化算法。该盲分离算法相较于经典的盲分离算法具有以下优势：a. 由于在该盲源分离算法中仅考虑了信号的时间结构，所以即便是在源信号中存在多个高斯信号时也能够实现盲源分离，只要这些高斯源信号是具有时间结构的；b. 由于该分离算法中没有考虑源信号的统计特性，所以不管源信号是环的或是非环的、超高斯或亚高斯的，甚至是杂系信号混合，该算法都具有较好的分离性能。

④ 研究了卷积混合条件下的盲分离问题。首先研究了采用IVA方法的多数

据集实值信号联合盲分离算法,提出了一种基于解耦 IVA 的多数据集联合盲分离算法。该算法将矩阵优化问题分解为一系列的向量优化问题,且对分离矩阵没有正交性约束,这样就不需要对观测数据进行预白化,同时避免了白化过程产生的误差对算法分离性能的影响。然后将此算法扩展到复值信号的多数据集联合盲源分离问题,并应用于单数据集时域卷积信号的频域盲分离。

⑤ 结合当前无线通信技术领域中的热点问题,研究了 BSS 在 CCFD 全双工通信系统中的应用。针对两种不同的信道环境(AWGN 信道和多径信道)分别提出了一种基于 BSS 的自干扰消除算法。与传统的通过自干扰信号重构的方式实现自干扰消除的方法不同,本书所提出的两种方法是从将目标期望信号和自干扰信号分离的角度实现自干扰消除。

8.2 未来展望

本书主要针对瞬时混合条件下的信号盲分离问题开展研究,并初步取得了一定的研究成果,解决了多个高斯源信号混合、非独立源信号混合的信号分离问题,可用以解决通信抗干扰领域中两个难点问题:一是系统抗多个强噪声干扰源的压制干扰,二是系统抗转发式干扰。地面无线通信系统信道模型多是多径的,不适于本书研究的信号模型。而卫星通信为视距传输,信道常建模为 AWGN 信道,因此可将本书研究内容应用于抗干扰卫星通信系统中。

目前,抗干扰卫星通信传输多采用扩频通信体制,如第 1 章中所述,扩频抗干扰通信体制又有其自身的技术局限性。针对扩频通信的技术缺陷,在本书的研究基础上可从以下三个方面做针对性研究。

(1) 基于非独立源信号分离的异步 DSSS 卫星通信多址干扰消除方法

DSSS(Direct Sequence Spread Spectrum)系统具有较好的抗窄带干扰能力,而对于宽带干扰,一方面要达到有效的干扰效果需要较高的干扰功率,另一方面采用传统的盲源分离算法即可实现通信信号与干扰信号的分离,达到干扰抑制的目的。对异步 DSSS 系统影响较大的是其内部干扰,由于地址码的非理想正交性而引起的多址干扰。地址码之间的非正交性,使得不同用户传输的扩频数据信息不再独立,传统的基于独立成分分析的盲分离算法不再适用。以此为背景,可以在本书第 3 章、第 4 章、第 5 章的研究基础上,从非独立源信号盲分离的角度研究 DSSS 卫星通信多址干扰消除技术。

(2) 基于盲源分离的跳频卫星通信抗瞄准式干扰方法

跳频通信具有较强的抗干扰能力,是目前卫星通信系统中应用最广泛的抗干扰传输体制，但是该技术抗瞄准式干扰能力较差，缺乏有效的对抗措施。以此为背景，可以从信号分离的角度研究跳频通信抗转发式/跟踪式干扰的方法。同时，转发式干扰与通信信号间具有较高的相似度，需要研究跳频通信体制下的相关源信号分离方法，实现跳频卫星通信系统的抗干扰能力提升，基于本书第 3 章、第 4 章、第 5 章的研究基础，可作更进一步研究。

(3) 基于盲源分离的扩频卫星通信抗宽带脉冲干扰方法

宽带脉冲干扰由于具有功率高、宽带的特点，能够对扩频通信产生非常严重的干扰，至今没有找到有效的对抗措施。以此为背景，基于本书第 6 章、第 7 章研究内容，可探索采用盲分离方法实现扩频卫星通信抗宽带脉冲干扰的可行性。

虽然本书的研究对上述三个研究内容能够起到很好的支撑作用，但要想使盲分离技术能够很好地适用于抗干扰卫星通信，还需解决以下几个关键问题。

(1) 低信噪比条件下的盲分离问题

卫星通信是典型的低信噪比通信系统，在中心频率为 6 GHz 时，静止轨道卫星通信空间自由损耗可达 200 dB。解决低信噪比条件下的盲分离问题是实现盲分离在卫星通信系统中应用的基础，而传统的盲源分离算法在低信噪比时性能较差，因此，低信噪比条件下的盲分离问题是要解决的第一个关键问题。

(2) 宽带信号盲分离问题

扩频卫星通信系统具有非常宽的扩频频谱，可达 500 MHz 以上。在如此宽的频谱上，传输信道已不具有平坦衰落特性。非平坦传输下的盲分离问题不再满足时不变线性瞬时混合模型的要求，如何对该条件下的混合模型进行建模，并提出有效的信号分离算法是要解决的第二个关键问题。

(3) 源信号个数动态变化的盲分离问题

当扩频卫星通信系统受到宽带脉冲干扰时，由于宽带脉冲干扰信号是间歇存在的，所以在通信与干扰信号的混合模型中，源信号的个数是动态变化的。而传统的盲源分离算法的前提条件是信号源个数已知且固定，无法解决存在宽带脉冲干扰时的干扰消除问题。因此，源信号个数动态变化的盲分离问题是要解决的第三个关键问题。

参考文献

[1] Jutten C, Herault J. Blind separation of sources, part I: an adaptive algorithm based on neuromimetic architecture[J]. Signal Processing, 1991, 24(1):1-10.

[2] Herault J, Jutten C. Space or time adaptive signal processing by neural network models[C]// AIP Conference Proceedings 151 on Neural Networks for Computing. American Institute of Physics Inc. , 1987:206-211.

[3] Linsker R. How to generate ordered maps by maximizing the mutual information between input and output signals[J]. Neural Computation, 1989, 1(3):402-411.

[4] Linsker R. Self-organisation in a perceptual network[J]. IEEE Computer, 1988, 21(3):105-117.

[5] Comon P, Jutten C, Herault J. Blind separation of sources, part II: Problems statement[J]. Signal Processing, 1991, 24(1):11-20.

[6] Tong L, Liu R W, Soon V C, et al. Indeterminacy and identifiability of blind identification[J]. IEEE Transactions on Circuits & Systems, 1991, 38(5):499-509.

[7] Cardoso J F, Souloumiac A. Blind beamforming for non Gaussian signals [J]. IEE Proceedings Radar, Sonar and Navigation, 1993, 140(6): 362-370.

[8] Comon P. Independent component analysis, a new concept? [J]. Signal Processing, 1994, 36(3):287-314.

[9] Cardoso J F, Laheld B H. Equivariant adaptive source separation[J]. IEEE Transactions on Signal Processing, 1996, 44(12):3017-3030.

[10] Amari S I, Cichocki A. Adaptive blind signal processing-neural network

approaches[J]. Proceedings of the IEEE, 1998, 86(10):2026-2048.

[11] Amari S I. Natural gradient works efficiently in learning[J]. Neural Computation, 1998, l0(2): 251-276.

[12] Amari S I, Cichocki A, Yang H H. A new learning algorithm for blind signal separation [J]. Adavances in Neural Information Processing Systems, 1996, 8:757-763.

[13] Amari S I, Cardoso J F. Blind source separation-semiparametric statistical approach[J]. Signal Processing IEEE Transactions on, 1997, 45(11): 2692-2700.

[14] Bell A, Sejnowski T. An information-maximization approach to blind separation and blind deconvolution[J]. Neural Computation, 1995, 7(6):1129-1159.

[15] Lawrence N D, Close K, Bishop C M. Variational Bayesian independent component analysis [R]. Technical Report, Computer Laboratory, University of Cambridge, 2000.

[16] Chien J T, Hsieh H L. Nonstationary source separation using sequential and variational Bayesian learning [J]. IEEE Transactions on Neural Networks & Learning Systems, 2013, 24(5):681-694.

[17] Otsuka T, Ishiguro K, Yoshioka T, et al. Multichannel sound source dereverberation and separation for arbitrary number of sources based on Bayesian nonparametrics[J]. IEEE/ACM Transactions on Audio Speech & Language Processing, 2014, 22(12):2218-2232.

[18] Routtenberg T, Tabrikian J. Blind MIMO-AR system identification and source separation with finite-alphabet[J]. IEEE Transactions on Signal Processing, 2010, 58(3):990-1000.

[19] Hild K E, Attias H T, Nagarajan S S. An EM method for spatio-temporal blind source separation using an AR-MOG source model[J]. IEEE Transactions on Neural Networks, 2008, 19(3):508-519.

[20] Hyvärinen A, Oja E. A fast fixed-point algorithm for independent component analysis[J]. International Journal of Neural Systems, 2000, 10(01):1-8.

[21] Eriksson J, Koivunen V. Complex-valued ICA using second order statistics[C]// Machine Learning for Signal Processing, IEEE Signal Processing Society Workshop. IEEE, 2004:183-192.

[22] Douglas S C. Fixed-point algorithms for the blind separation of arbitrary

complex-valued non-Gaussian signal mixtures[J]. Eurasip Journal on Advances in Signal Processing, 2007, 2007(1):1-15.

[23] Douglas S C, Eriksson J, Koivunen V. Fixed-point complex ICA algorithms for the blind separation of sources using their real or imaginary components[C]// International Conference on Independent Component Analysis and Signal Separation. Springer Berlin Heidelberg, 2006: 343-351.

[24] Li H, Adali T. Gradient and fixed-point complex ICA algorithms based on kurtosis maximization[C]// IEEE Signal Processing Society Workshop on Machine Learning for Signal Processing. IEEE, 2006:85-90.

[25] Novey M, Adali T. On extending the complex FastICA algorithm to noncircular sources[J]. IEEE Transactions on Signal Processing, 2008, 56(5):2148-2154.

[26] Pope K, Bogner R. Blind signal separation I: linear, instantaneous, combinations [C]// Digital Signal Processing, 1996, 6:5-16.

[27] Pope K, Bogner R. Blind signal separation II : Linear, convolutive combinations[C]// Digital Signal Processing, 1996, 6:17-28.

[28] Sawada H, Mukai R, Araki S, et al. A robust and precise method for solving the permutation problem of frequency-domain blind source separation[J]. IEEE Transactions on Speech & Audio Processing, 2004, 12(5):530-538.

[29] Gao J, Zhu X, Nandi A K. Independent component analysis for multiple-input multiple-output wireless communication systems [J]. Signal Processing, 2011, 91(4):607-623.

[30] Kostanic I, Mikhael W. Blind source separation technique for reduction of co-channel interference[J]. Electronics Letters, 2002, 38(20):1210-1211.

[31] Gualandi A, Serpelloni E, Belardinelli M E. Blind source separation problem in GPS time series[J]. Journal of Geodesy, 2015, 90(4):1-19.

[32] 赵彬，杨俊安，王晓斌. 混叠通信信号的盲分离处理[J]. 电讯技术，2005，45(1):81-84.

[33] 陆凤波，黄知涛，姜文利. 基于 FastICA 的 CDMA 信号扩频序列盲估计及性能分析[J]. 通信学报，2011，32(8):136-142.

[34] 任啸天，徐晖，黄知涛，等. 基于 FastICA 的 CDMA 信号扩频序列优化盲估计[J]. 电子学报，2012，40(8):1532-1538.

［35］ 任啸天，徐晖，黄知涛，等. 基于 FastICA 同、异步系统短码 CDMA 信号扩频序列与信息序列盲估计［J］. 电子学报，2011，39(12)：2726-2732.

［36］ 任啸天. 直扩信号扩频序列盲估计研究［D］. 长沙：国防科学技术大学，2013.

［37］ 任啸天，徐晖，黄知涛，等. 基于盲源分离的 Multi-Rate DS/CDMA 信号扩频序列盲估计［J］. 航空学报，2012，33(8)：1455-1465.

［38］ 冯辉，王可人. 单传感器中两路同频调幅信号的盲分离算法［J］. 数据采集与处理，2007，22(2)：185-189.

［39］ 杜健. 欠定盲源分离和 PCMA 信号盲分离技术研究［D］. 郑州：解放军信息工程大学，2014.

［40］ 骆忠强，朱立东，唐俊林. 最小误码率准则盲源分离算法［J］. 信号处理，2016，32(1)：21-27.

［41］ Wu C，Liu Z，Wang X，et al. Single-channel blind source separation of co-frequency overlapped GMSK signals under constant-modulus constraints［J］. IEEE Communications Letters，2016，20(3)：486-489.

［42］ Lin H，Thaiupathump T，Kassam S A. Blind separation of complex I/Q independent sources with phase recovery［J］. IEEE Signal Processing Letters，2005，12(5)：419-422.

［43］ 杨小牛，付卫红. 盲源分离——理论、应用与展望［J］. 通信对抗，2006(3)：3-10.

［44］ Gu F，Zhang H，Zhu D. Blind separation of non-stationary sources using continuous density hidden Markov models［J］. Digital Signal Processing，2013，23(5)：1549-1564.

［45］ Routtenberg T，Tabrikian J. MIMO-AR system identification and blind source separation for GMM-distributed sources［J］. IEEE Transactions on Signal Processing，2009，57(5)：1717-1730.

［46］ Rydén T. EM versus Markov chain Monte Carlo for estimation of hidden Markov models：a computational perspective［J］. Bayesian Analysis，2008，3(4)：659-716.

［47］ Abdi H，Williams L. Principal component analysis［J］. Wiley Interdisciplinary Reviews：Computational Statistics，2010，2(4)：433-459.

［48］ Bilmes J. A gentle tutorial of the EM algorithm and its application to parameter estimation for Gaussian mixture and hidden Markov models［J］. Technical Report，1998.

[49] Souden M, Araki S, Kinoshita K, et al. A multichannel MMSE-based framework for speech source separation and noise reduction[J]. IEEE Transactions on Audio Speech & Language Processing, 2013,21(9):1913-1928.

[50] Cruces-Alvarez S A, Cichocki A, Amari S I. On a new blind signal extraction algorithm: different criteria and stability analysis[J]. IEEE Signal Processing Letters, 2002, 9(8):233-236.

[51] Cardoso J F. Infomax and maximum likelihoodfor blind source separation [J]. IEEE Signal Processing Letters, 1997, 4(4):112-114.

[52] Cardoso J F, Souloumiac A. Blind beamforming for non Gaussian signals [J]. IEE Proceedings Radar, Sonar & Navigation, 1993, 140(6): 362-370.

[53] Hyvärinen A, Oja E. Fast and robust fixed-point algorithms for independent component analysis[J]. IEEE Transactions on Neural Networks, 1999, 10(3): 626.

[54] Li J, Zhang H, Zhang J. Fast adaptive BSS algorithm for independent/dependent sources[J]. IEEE Communications Letters, 2016, 20(11): 2221-2224.

[55] Zhang H, Wang G, Cai P, et al. A fast blind source separation algorithm based on the temporal structure of signals[J]. Neurocomputing, 2014, 139:261-271.

[56] Zhang H, Shi Z, Guo C. Blind source extraction based on generalized autocorrelations and complexity pursuit[J]. Neurocomputing, 2009, 72 (10-12):2556-2562.

[57] Bingham E, Hyvärinen A. A fast fixed-point algorithm for independent component analysis of complex valued signals[J]. International Journal of Neural Systems, 2000, 10(01):1-8.

[58] Li X L, Adali T. Complex independent component analysis by entropy bound minimization[J]. IEEE Transactions on Circuits & Systems I: Regular Papers, 2010, 57(7):1417-1430.

[59] Ye J, Jin H, Lou S, et al. An optimized EASI algorithm[J]. Signal Processing, 2009, 89(3):333-338.

[60] Adali T, Schreier P J. Optimization and estimation of complex-valued signals: theory and applications in filtering and blind source separation

[J]. Signal Processing Magazine IEEE, 2014, 31(5):112-128.

[61] Belouchrani A, Abed-Meraim K, Cardoso J F, et al. A blind source separation techinique based on second order statistics [C]// IEEE Transactions on Signal Processing, 1997:434 - 444.

[62] Novey M, Adali T. Complex ICA by negentropy maximization[J]. IEEE Transactions on Neural Networks, 2008, 19(4):596-609.

[63] Chabriel G, Kleinsteuber M, Moreau E, et al. Joint matrices decompositions and blind source separation: a survey of methods, identification, and applications[J]. Signal Processing Magazine IEEE, 2014, 31(3):34-43.

[64] Chabriel G, Barrere J. A direct algorithm for nonorthogonal approximate joint diagonalization. [J]. IEEE Transactions on Signal Processing, 2012, 60(1):39-47.

[65] Souloumiac A. Nonorthogonal joint diagonalization by combining givens and hyperbolic rotations[J]. IEEE Transactions on Signal Processing, 2009, 57(6):2222-2231.

[66] Gong X F, Wang X L, Lin Q H. Generalized non-orthogonal joint diagonalization with LU decomposition and successive rotations[J]. IEEE Transactions on Signal Processing, 2015, 63(5):1322-1334.

[67] Maurandi V, Moreau E, Luigi C D. Jacobi like algorithm for non-orthogonal joint diagonalization of hermitian matrices [C]// IEEE International Conference on Acoustics, Speech and Signal Processing. IEEE, 2014:6196-6200.

[68] Trainini T, Moreau E. A coordinate descent algorithm for complex joint diagonalization under Hermitian and transpose congruences[J]. IEEE Transactions on Signal Processing, 2014, 62(19):4974-4983.

[69] Novey M, Adali T. Adaptable nonlinearity for complex maximization of nongaussianity and a fixed-point algorithm[C]// Machine Learning for Signal Processing, 2006. Proceedings of the 2006, IEEE Signal Processing Society Workshop on IEEE, 2007:79-84.

[70] Anand V, Anand R, Dewal M. Implementation of blind source separation of speech signals using independent component analysis[J]. International Journal of Computer Science & Information Technology, 2011, 2(5): 2147-2151.

[71] Anderson M, Adali T, Li X L. Joint blind source separation with multivariate Gaussian model: algorithms and performance analysis[J]. IEEE Transactions on Signal Processing, 2012, 60(4):1672-1683.

[72] Anderson M, Li X L. Complex-valued independent vector analysis: application to multivariate Gaussian model[J]. Signal Processing, 2012, 92(8): 1821-1831.

[73] Goldsmith A. Wireless Communication [M]. Cambrideg: Cambridge University Press, 2005.

[74] Hong S, Brand J, Choi J I, et al. Applications of self-interference cancellation in 5G and beyond[J]. IEEE Communications Magazine, 2014, 52(2):114-121.

[75] Wang L, Tian F, Svensson T, et al. Exploiting full duplex for device-to-device communications in heterogeneous networks [J]. IEEE Communications Magazine, 2015, 53(5):146-152.

[76] Liao Y, Song L, Han Z, et al. Full duplex cognitive radio: a new design paradigm for enhancing spectrum usage[J]. IEEE Communications Magazine, 2015, 53(5):138-145.

[77] Korpi D, Tamminen J, Turunen M, et al. Full-duplex mobile device: pushing the limits[J]. IEEE Communications Magazine, 2016, 54(9): 80-87.

[78] Ahmed E, Eltawil A M. All-digital self-interference cancellation technique for full-duplex systems [J]. IEEE Transactions on Wireless Communications, 2014, 14(7):3519-3532.

[79] Chung M, Min S S, Kim J, et al. Prototyping real-time full duplex radios [J]. Communications Magazine IEEE, 2015, 53(9):56-63.

[80] He Z, Shao S, Shen Y, et al. Performance analysis of RF self-interference cancellation in full-duplex wireless communications[J]. IEEE Wireless Communications Letters, 2014, 3(4):405-408.

[81] Kaufman B, Lilleberg J, Aazhang B. An analog baseband approach for designing full-duplex radios[C]// Signals, Systems and Computers, 2013 Asilomar Conference on IEEE, 2013:987-991.

[82] Syrjala V, Valkama M, Anttila L, et al. Analysis of oscillator phase-noise effects on self-interference cancellation in full-duplex OFDM radio transceivers[J]. IEEE Transactions on Wireless Communications, 2014,

13(6):2977-2990.

[83] Li S, Murch R D. An investigation into baseband techniques for single-channel full-duplex wireless communication systems[J]. IEEE Transactions on Wireless Communications, 2014, 13(9):4794-4806.

[84] Duarte M, Dick C, Sabharwal A. Experiment-driven characterization of full-duplex wireless systems[J]. IEEE Transactions on Wireless Communications, 2012, 11(12):4296-4307.

[85] Li S, Murch R D. Full-duplex wireless communication using transmitter output based echo cancellation [C]//Proceedings of the Global Communications Conference, 2011, 14(12):1-5.

[86] Ahmed E, Eltawil A M, Sabharwal A. Self-interference cancellation with phase noise induced ICI suppressionfor full-duplex systems[C]// Global Communications Conference. IEEE, 2013:3384-3388.

[87] Zheng G, Krikidis I, Ottersten B O. Full-duplex cooperative cognitive radio with transmit imperfections[J]. IEEE Transactions on Wireless Communications, 2013, 12(5):2498-2511.

[88] Masmoudi A, Le-Ngoc T. A maximum-likelihood channel estimator for self-interference cancelation in full-duplex systems[J]. IEEE Transactions on Vehicular Technology, 2016, 65(7):5122-5132.

[89] Syrjälä V, Yamamoto K, Valkama M. Analysis and design specifications for full-duplex radio transceivers under RF oscillator phase noise with arbitrary spectral shape[J]. IEEE Transactions on Vehicular Technology, 2014, 65(8):6782-6788.

[90] Korpi D, Riihonen T, Syrjala V, et al. Full-duplex transceiver system calculations: analysis of ADC and linearity challenges [J]. IEEE Transactions on Wireless Communications, 2014, 13(7):3821-3836.

[91] Bharadia D, Mcmilin E, Katti S. Full duplex radios [J]. Computer Communication Review, 2013, 43(4):375-386.

[92] Ahmed E, Eltawil A M, SabharwalA. Self-interference cancellation with nonlinear distortion suppression for full-duplex systems [C]// Signals, Systems and Computers, 2013 Asilomar Conference on IEEE, 2013: 1199-1203.

[93] Korpi D, Venkatasubramanian S, Riihonen T, et al. Advanced self-interference cancellation and multiantenna techniques for full-duplex radios

[C]// Signals, Systems and Computers, 2013 Asilomar Conference on IEEE, 2014:3-8.

[94] Anttila L. Digital front-end signal processing with widely-linear signal models in radio devices[J]. Tampere: Tampereen Teknillinen Yliopisto, 2011.

[95] Schenk T. RF Imperfections in High-rate Wireless Systems: Impact and Digital Compensation[M]. [S. l.]:Springer Netherlands, 2008.

[96] Razavi B. Design of Analog CMOS Integrated Circuits[M]. 北京:清华大学出版社,2001.

[97] Morgan D R, Ma Z, Kim J, et al. A generalized memory polynomial model for digital predistortion of RF power amplifiers [J]. IEEE Transactions on Signal Processing, 2006, 54(10):3852-3860.

[98] Zou Z Z, Zeng S X, Chen P, et al. I/Q imbalance calibration in wideband direct-conversion receivers [C]// IEEE International Conference on Ubiquitous Wireless Broadband. IEEE, 2016:1-4.

[99] Gu Q. RF System Design of Transceivers for Wireless Communications [M]. New York: Springer-Verlag, 2006.

[100] Jacquier E, Johannes M, Polson N. MCMC maximum likelihood for latent state models[J]. Journal of Econometrics, 2007, 137(2):615-640.